Java 面向对象程序设计与应用

主 编　陈玉勇　张　洋

副主编　白　云　关　星

科学出版社

北　京

内 容 简 介

本书基于 Java 语言面向对象的思想编写，共 8 个单元，包含 Java 语言基础、类与对象、常用 API、I/O 流、GUI 设计、Java 多线程、数据库编程、网络编程等内容。本书按照企业级 Java 技能培训的模式编排，内容以案例教学模式呈现，从应用开发的角度组织内容，重视实验案例的实用性和渐进性，让读者循序渐进、从易到难、逐步深入，从而能更好地理解和巩固相关知识点。

本书可作为本科院校、职业院校计算机相关专业 Java 语言课程的应用教材，也可作为计算机软件开发人员和广大计算机爱好者的自学用书。

图书在版编目（CIP）数据

Java 面向对象程序设计与应用/陈玉勇，张洋主编. —北京：科学出版社，2024.3

ISBN 978-7-03-076865-0

Ⅰ．①J⋯　Ⅱ．①陈⋯　②张⋯　Ⅲ．①JAVA 语言–程序设计
Ⅳ．①TP312.8

中国国家版本馆 CIP 数据核字（2023）第 212759 号

责任编辑：宋　丽　吴超莉 / 责任校对：王万红
责任印制：吕春珉 / 封面设计：东方人华平面设计部

科 学 出 版 社出版
北京东黄城根北街 16 号
邮政编码：100717
http://www.sciencep.com

三河市骏杰印刷有限公司印刷
科学出版社发行　　各地新华书店经销
*
2024 年 3 月第 一 版　　开本：787×1092 1/16
2024 年 3 月第一次印刷　　印张：13 1/4
字数：314 000
定价：50.00 元
（如有印装质量问题，我社负责调换〈骏杰〉）
销售部电话 010-62136230　编辑部电话 010-62135763-2041

前　言

党的二十大报告指出"推进教育数字化，建设全民终身学习的学习型社会、学习型大国"。教育数字化是教育教学活动与数字技术融合发展的产物，也是进一步深化教育教学改革、推进教育现代化、实现教育高质量发展的驱动力。党的二十大报告强调，构建新一代信息技术、人工智能等一批新的增长引擎，为我国新一代信息技术产业发展指明了方向。随着信息技术的不断发展，计算机软件已应用于人们现实生活中的各个方面。Java 作为目前世界上流行的程序设计语言，广泛应用于计算机相关行业中，各行业对 Java 开发人员的需求量也一直比较大。

1. 本书特色

本书是基于 Java 标准版（Java standard editon，JavaSE）的应用型教材，涵盖了 JavaSE 中的初级、中级和高级程序设计技术的内容。主要围绕面向对象程序设计与应用这一主题展开，讲解面向对象的开发方法和分析方法，注重对学习 Java 语言过程中的核心知识点进行剖析。本书不仅结合实例详细讲解 Java 的基础知识，同时还就 Java 的主要应用进行实例讲解。全书共分 8 个单元，从基本概念的引入到经典案例分析，可以使读者更形象地理解面向对象思想，掌握 Java 程序设计技术。

2. 本书内容

单元 1　Java 语言基础，主要介绍 Java 语言的基础语法、数据类型等知识点及应用。
单元 2　类与对象，主要介绍面向对象相关概念的具体化应用。
单元 3　常用 API，主要介绍 JDK 中常用 API 在实际应用场景中的应用。
单元 4　I/O 流，介绍文件操作及 I/O 流的读写应用。
单元 5　GUI 设计，介绍 Swing 控件的用法。
单元 6　Java 多线程，介绍多线程的相关概念、Java 中多线程的实现、线程同步和线程通信的应用场景。
单元 7　数据库编程，介绍 JDBC 的处理过程及结合其他知识点的使用。
单元 8　网络编程，介绍 Socket 程序设计的基础应用场景，以及结合 I/O 流、多线程、JDBC 的通信应用开发。

3. 本书特点

1）全书由案例引入，从具体问题分析入手，由浅入深讲解案例。
2）注重具体问题的分析、设计。案例中给出的解决思路，有助于提高读者分析问题和解决问题的能力。

3）案例实现突出软件开发的设计与实现过程，将面向对象分析与 Java 语言开发相结合，使读者更好地掌握和巩固软件开发的基本技能。

4）每个案例后都有巩固强化练习，可以帮助读者更好地掌握知识点。

本书由辽宁生态工程职业学院组织编写，由陈玉勇、张洋（大连中软卓越信息技术有限公司）担任主编，由白云、关星担任副主编，张亚林、张雨、邸柱国、张晓琦（辽宁建筑职业学院）、张述平（辽宁金融职业学院）、马征（大连大胜广告有限公司）参加了本书的编写工作。在本书的编写过程中，我们得到了辽宁生态工程职业学院各级领导的支持，以及辽宁建筑职业学院、辽宁金融职业学院、中软国际公司等院校和企业的帮助，在此深表感谢！

由于编者水平有限，书中难免会有疏漏和不足之处，恳请广大读者批评指正。

目　录

CONTENTS

单元 1 Java 语言基础

案例 1.1 计算 BMI 指数

学习目标

1. 掌握 Java 语言实现数学计算表达式的方法。
2. 能根据用户输入的身高和体重数值，计算并显示体重指数。

案例解析

体重指数（body mass index，BMI）是衡量人体胖瘦程度及是否健康的重要指标。
BMI 的计算公式为：体重指数（BMI）=体重（kg）/身高（m）^{2}。

按照中国人的体质特征，BMI 小于 18.5 为体重过轻，18.5～23.9 为正常，24～27.9
为超重，大于等于 28 为肥胖。

相关知识

1）Java 程序的入口函数为 main( )函数，main( )函数的结构固定为 public static void
main(String[ ] args)。

2）Java 控制台标准输入，使用 Scanner 对象，通过 System.in 作为对象参数。通过
对象的具体方法输入值，如 nextInt( )接收整数输入、nextFloat( )接收浮点数输入，等等。

3）标准输出使用 System.out，常用 println( )方法输出并换行，print( )方法输出不换
行。也可以在输出部分使用"\n"进行换行，"\t"表示输出制表符。

4）Java 中的注释分为单行注释（行级注释）、多行注释（块级注释）和文档注释。

5）Java 的基础数据类型有以下 8 种。

① 字节型：byte。

② 字符型：char。

③ 整型：short、int、long。

④ 浮点型：float、double。

⑤ 布尔型：boolean。

Java 面向对象程序设计与应用

代码实现

1）根据 BMI 计算公式和判断条件，实现处理 BMI 的函数，具体代码如下：

```java
public static String getBMI(float weight, float height) {
    // 输入身高参数,单位为厘米
    float BMI = weight / (height * height)*10000;
    String result = "";
    if (BMI < 18.5) {
        result = "体重过轻";
    } else if (18.5 <= BMI && BMI <= 23.9) {
        result = "正常";
    } else if (24 <= BMI && BMI <= 27.9) {
        result = "超重";
    } else if (28 <= BMI) {
        result = "肥胖";
    }
    return "您的体重指数 BMI 为:" + BMI + ",您属于:【" + result + "】体质";
}
```

2）实现程序入口函数，并接收用户输入的身高、体重数据，代码如下：

```java
public static void main(String[] args) {
    Scanner input = new Scanner(System.in);

    float weight;      // 体重
    float height;      // 身高

    System.out.println("体重指数 BMI 说明:");
    System.out.println("\t 小于18.5——偏轻,18.5~23.9——正常,24~27.9——
超重,大于等于28——肥胖\n");
    System.out.print("请输入您的体重(kg):");
    weight = input.nextFloat();
    System.out.print("请输入您的身高(cm):");
    height = input.nextFloat();

    System.out.printf(getBMI(weight, height));
}
```

3）程序执行结果如下：

当输入体重 65kg，身高 170cm 时，执行结果如图 1.1.1 所示。

图 1.1.1　BMI 程序执行结果（1）

当输入体重 55kg，身高 150cm 时，执行结果如图 1.1.2 所示。

图 1.1.2　BMI 程序执行结果（2）

 巩固强化

1）计算得到的 BMI 小数位有很多位，如何截取小数点后两位？

2）用 Java 程序展示某同学的成绩等级。学习成绩≥90 分的成绩用 A 表示，75～89 分的成绩用 B 表示，60～74 分的成绩用 C 表示，60 分以下的成绩用 D 表示。

案例 1.2　计算斐波那契数列

 学习目标

1．了解斐波那契数列。

2．掌握递归函数的应用。

3．能用 Java 代码实现斐波那契数列：

① 了解经典的兔子生育现象。

② 采用递归和非递归方式实现并比较两者的效率。

③ 输入一个整数 n，调用函数计算并输出斐波那契数列的第 n 项。

④ 通过较大值计算的精度问题，掌握 int、long 和 BigInteger 类型的异同。

案例解析

斐波那契数列，又称黄金分割数列，是由意大利数学家斐波那契在 1202 年完成的著作《计算之书》中以兔子繁殖为例子而引入的，故又称为"兔子数列"。至于斐波那契数列在实际问题中的应用及其意义，本案例不进行过多讲解，有兴趣的读者可以查阅相关资料进一步了解。

斐波那契数列即如下的一个数列：

0，1，1，2，3，5，8，13，21，34，55，89，144，…

这个数列从第 3 项开始，每一项都等于前两项之和。在数学上，斐波那契数列的递归定义为：$F(0)=0$，$F(1)=1$，$F(n)=F(n-1)+F(n-2)$（$n \geqslant 2$，$n \in N^*$）。

递归，简单来讲就是自己调用自己的方法，并通过某个条件来停止调用。递归构造包括递归出口和递归表达式两个部分。

采用递归方式实现斐波那契数列，递归出口有两个，即当 n=1 或 n=2 时，计算结果都为 1；递归表达式则可以通过 $F(n)=F(n-1)+F(n-2)$（n>2）来处理。

相关知识

1）在静态方法中，只能调用静态方法和静态属性，即 static 修饰的方法和属性。

2）获取当前时间的毫秒数，用 new Date( ).getTime( )。

3）斐波那契数列程序一般使用递归思想来设计，递归思想指的是将一个大问题分解为更小的子问题，并通过不断调用自身来解决这些子问题，直到达到基本情况或终止条件。使用递归可以简化复杂的问题，使代码更清晰和易于理解。

4）当数列值较大时，使用 int 或 long 来计算，得到的结果会出现精度问题，可以使用 BigInteger 来进行计算。Java 中提供了用于高精度计算的大数字操作类，常用的有 java.math.BigInteger 类和 java.math.BigDecimal 类。其中，BigInteger 类处理大的整数，BigDecimal 类处理大的小数。两者也常用于在商业计算环境中，处理对数字精度要求较高的数据。

代码实现

1）采用递归方式实现斐波那契数列。

① 递归方式的数列计算函数实现代码如下：

```java
public static long fibonacciFunc(int n) {
    if (n == 1 || n == 2) {
        return 1;
    } else {
        return fibonacciFunc(n - 1) + fibonacciFunc(n - 2);
    }
}
```

② 程序主入口函数实现代码如下：

```java
public static void main(String[] args) {
    int n = 50;
    System.out.println(n + "个数的斐波那契数列如下:");
    for (int i = 1; i <= n; i++) {
        long num = fibonacciFunc(i);
        System.out.print(num + " ");
    }
}
```

执行程序，得到采用递归方式实现的斐波那契数列，如图 1.2.1 所示。

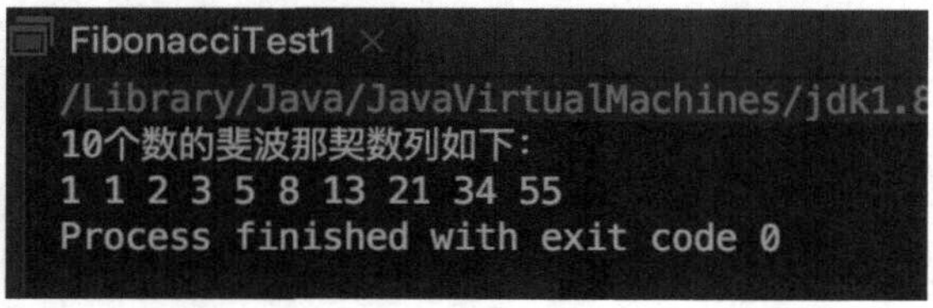

图 1.2.1　采用递归方式实现的斐波那契数列

2）采用非递归方式实现斐波那契数列。

① 非递归方式的数列计算函数实现代码如下：

```java
public static long fibonacciFunc(int n) {
    long arr[] = new long[n + 1];
    arr[0] = 0;
    arr[1] = 1;
    for (int i = 2; i <= n; i++) {
        arr[i] = arr[i - 1] + arr[i - 2];
    }
    return arr[n];
}
```

② 程序主入口函数实现代码与递归方式相同。

③ 执行程序，得到采用非递归方式实现的斐波那契数列，如图 1.2.2 所示。

图 1.2.2　采用非递归方式实现的斐波那契数列

3）分别比较在递归和非递归方式下，输出斐波那契数列的效率。

① 定义变量 counter，用来统计数列值计算函数的调用次数。

```
static int counter = 1;
```

② 在数列值计算函数 fibonacciFunc( )（递归或非递归方式）中，添加 counter 计算的代码，每次调用该函数则加 1。

```
counter++;
```

③ 在主函数中，计算数列输出的耗时，并输出统计的函数调用次数。

```
public static void main(String[] args) {
    long startTime = new Date().getTime();
    for (int i = 1; i <= 40; i++) {
        long num = fibonacciFunc(i);
        System.out.print(num + " ");
    }
    long endTime = new Date().getTime();
    System.out.println("/n");
    System.out.println("输出该数列耗时为:" + (endTime-startTime) + "ms");
    System.out.println("数列值计算方法调用次数为:" + counter);
}
```

④ 输出 10 个数的斐波那契数列，程序执行结果如下：

a. 采用递归方式实现 10 个数的斐波那契数列，结果如图 1.2.3 所示。

b. 采用非递归方式实现 10 个数的斐波那契数列，结果如图 1.2.4 所示。

图 1.2.3 采用递归方式实现 10 个数的　　　　图 1.2.4 采用非递归方式实现 10 个数的
　　　　　 斐波那契数列　　　　　　　　　　　　　　　 斐波那契数列

⑤ 输出 40 个数的斐波那契数列，程序执行结果如下：

a. 采用递归方式实现 40 个数的斐波那契数列，结果如图 1.2.5 所示。

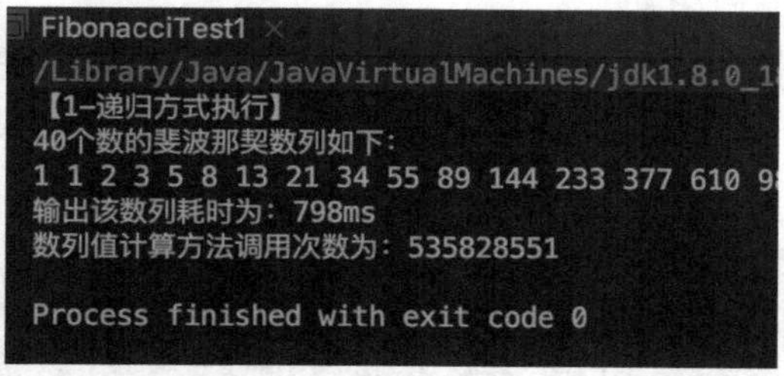

图 1.2.5　采用递归方式实现 40 个数的斐波那契数列

b．采用非递归方式实现 40 个数的斐波那契数列，结果如图 1.2.6 所示。

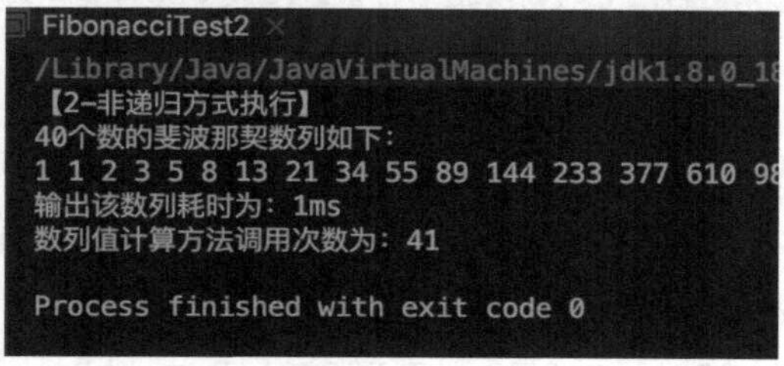

图 1.2.6　采用非递归方式实现 40 个数的斐波那契数列

4）输入一个整数 n，输出斐波那契数列的第 n 项。

① 数列计算函数代码采用递归方式或非递归方式皆可。

② 在程序主入口函数中，给出用户输入提示信息，并接收用户输入一个整数 n。实现代码如下：

```java
public static void main(String[] args) {
    Scanner scanner = new Scanner(System.in);
    System.out.println("请输入一个整数 n:");
    int n = scanner.nextInt();
    System.out.print("斐波那契数列的第" + n + "项值为:" + fibonacciFunc(n));
}
```

③ 输出斐波那契数列的第 n 项，结果如图 1.2.7 所示。

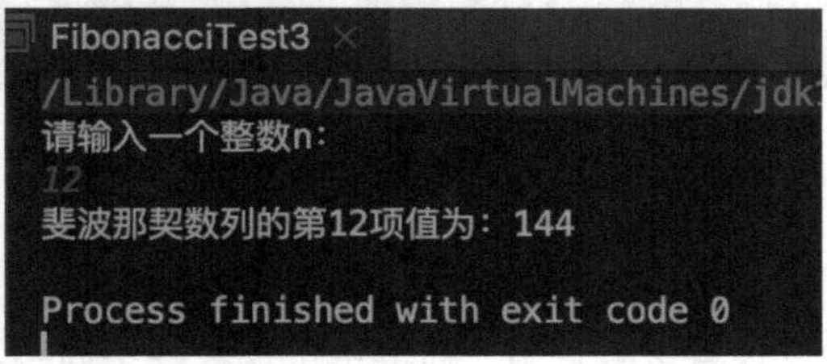

图 1.2.7　输出斐波那契数列的第 n 项

5）程序执行的精度问题。

① 输入一个较大整数 n，输出斐波那契数列的第 n 项。这里采用 long 类型，约在数列的第 93 项就会开始出现值的精度损失问题，得到不准确的数据，其程序执行结果如图 1.2.8 所示。

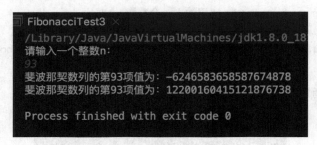

图 1.2.8　精度有损失的斐波那契数列第 93 项

② 若将数列值计算的函数改成使用 BigInteger 类型来定义，则可以解决计算精度的问题。相关代码如下：

```
public static BigInteger fibonacciFunc3(int n) {
    BigInteger arr[] = new BigInteger[n + 1];
    arr[0] = new BigInteger("0");
    arr[1] = new BigInteger("1");
    for (int i = 2; i <= n; i++) {
        arr[i] = arr[i - 1].add(arr[i - 2]);
    }
    return arr[n];
}
```

③ 精度无损失的斐波那契数列，程序执行结果如图 1.2.9 所示。

```
FibonacciTest3 ×
/Library/Java/JavaVirtualMachines/jdk1.8.0_18
请输入一个整数n:
93
斐波那契数列的第93项值为：-6246583658587674878
斐波那契数列的第93项值为：12200160415121876738

Process finished with exit code 0
```

图 1.2.9　精度无损失的斐波那契数列第 93 项

巩固强化

在斐波那契的著作《计算之书》中，他提出了这样一个问题：在第一个月有一对刚出生的小兔子，第二个月小兔子变成大兔子并开始怀孕，第三个月大兔子会生下一对小兔子，并且以后每个月都会生下一对小兔子。假设每对兔子都经历这样的出生、成熟、生育的过程，并且兔子永远不死，那么兔子的总数将如何变化？

请观察如图 1.2.10 所示的兔子繁衍过程，理解分析问题，并用 Java 程序表示出该数据的变化。

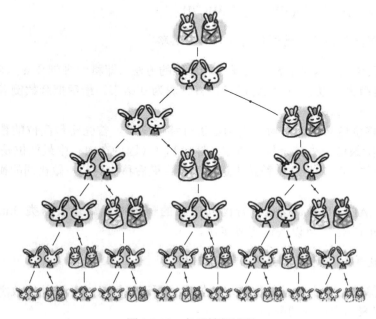

图 1.2.10　兔子繁衍过程

案例 1.3　进 制 转 换

📄 **学习目标**

1．掌握进制互相转换的方法。
2．能够实现不同进制间数据的互相转换。

📄 **案例解析**

1．常用进制介绍

1）十进制：基数为 10，数码由 0～9 组成，运算规律为逢十进一。十进制是使用最多的一种进制。

2）二进制：由 0、1 两个数码组成，二进制数的运算规律是逢二进一。为区别于其他进制，二进制数的书写通常在数的右下方注上基数 2，或在二进制数后面加 B 表示，如$(10110011)_2$ 或 10110011B。二进制在计算机领域使用较多。

3）十六进制：由十六个数码，即数字 0～9 加上字母 A～F（它们分别表示十进制数 10～15）组成，十六进制数的运算规律是逢十六进一。表示十六进制数时用尾部标志 H 或下标 16 以示区别，如$(3BC7)_{16}$ 或 3BC7H。

2. 十进制数转换为二进制数的 3 种处理思路

1）除二取余法：这是最符合数学逻辑思维的方法，即将十进制数 n 除以 2，将余数记下来，再用商去除以 2……依此循环，直到商为 0 结束。最后把余数倒着依次排列，即可转换为对应的二进制数。

2）通过移位运算实现：对十进制数进行移位操作。首先将最高位的数移至最低位（移 31 位），除最低位外其余位置清零；然后和 1（因为在内存中最低位是 1，其余 31 位都是零）相与（&），将这个数按十进制输出；最后移次高位，做相同的操作，直到最后一位。

3）调用 API 函数：这是符合面向对象的一种方式。包装器类 Integer 提供了 toBinaryString( )方法，可以快速完成转换。

3. 十六进制转换为十进制的两种处理思路

1）幂运算法：将十六进制数的每一位通过幂运算转换成十进制的数字，然后进行累加，算出代表的十进制的数。

2）调用 API 函数：大数据类型 BigInteger 提供了进制处理的方法。

4. 任意进制转换

可以借助接受度较高的十进制完成任意进制转换。整体实现思路为：先将 m 进制转换为十进制，再将十进制转换为 n 进制。

1）m 进制数转换为十进制数：从低位到高位按权展开即可。

2）十进制数转换为 n 进制数：采用除留取余法，逆序排列。

相关知识

1）在 Java 整型运算中，除法运算"/"的结果只取整数部分；取余运算"%"的结果取余数部分。

2）Scanner 对象的 next( )方法和 nextLine( )方法：

① next( )方法：不能得到带空格的字符串，之后的空格、Tab、回车字符都是截止标志。

② nextLine( )方法：可以得到带空格的字符串。回车是截止标志，返回回车之前的所有字符。

3）字符串的常用操作方法：

① 将字符串拆分为字符数组 char[ ]的方法为 toCharArray( )。

② 将字符串字母全部转换为大写的方法为 toUpperCase( )。

4）Math 类，提供了数学运算相关的函数，而且基本都是静态方法。

5）计算机中存储的是数的补码。正数的原码、反码、补码都是相同的；负数的原码、反码、补码是不一样的，补码=原码取反+1（符号位不变）。

6）移位运算：

① "＞＞＞"为逻辑移位符，向右移 n 位，高位补 0。

② "＞＞"为算术移位符，向右移 n 位。正数高位补 0，负数高位补 1。

③ "＜＜"为算术移位符，向左移 n 位，低位补 0。

代码实现

1. 采用除二取余法将十进制数转换为二进制数

1）用除二取余法转换十进制数的具体实现代码如下：

```java
public static int decimal2Binary1(int n) {
    // 用来保存位数
    int t = 0;
    // 用来保存余数
    int r = 0;
    // 用来保存转换后的二进制数
    int result = 0;
    while (n != 0) {
        r = n % 2;
        n = n / 2;
        result += r * Math.pow(10, t);
        t++;
    }
    return result;
}
```

2）int 型数据在 Java 中占 4 字节，存储范围是 32 位，最大只能表示 $2^{31}-1$ 的正数。因此，存储的二进制数位数有限。可以使用字符串的拼接（+）来解决 int 型数据存储位数限制问题，具体实现代码如下：

```java
public static String decimal2Binary2(int n) {
    String result = "";
    while (n != 0) {
        result = n % 2 + result;
```

```
        n = n / 2;
    }
    return result;
}
```

3）程序主函数相关代码如下：

```
public static void main(String[] args) {
    System.out.println("【十进制转二进制,除二取余法】");
    System.out.println("请输入要转换的十进制数:");
    Scanner sc = new Scanner(System.in);
    int n = sc.nextInt();
    System.out.println("十进制数【" + n + "】转为二进制结果为:");
    System.out.println(decimal2Binary1(n));
    System.out.println(decimal2Binary2(n));
}
```

4）采用除二取余法将十进制数转换为二进制数的程序执行结果如图 1.3.1 所示。

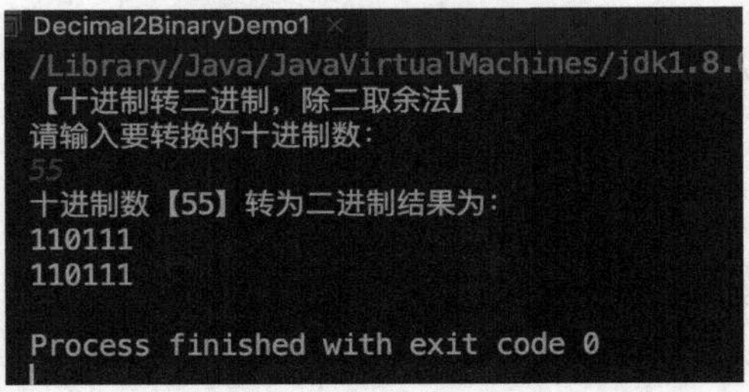

图 1.3.1　采用除二取余法将十进制数转换为二进制数的程序执行结果

2. 采用移位运算将十进制数转换为二进制数

1）采用移位运算转换十进制数的具体实现代码如下：

```
public static void decimal2Binary(int n) {
    for (int i = 31; i >= 0; i--) {
        System.out.print(n >>> i & 1);
    }
}
```

2）程序主函数相关代码如下：

```
public static void main(String[] args) {
    System.out.println("【十进制转二进制,移位运算实现】");
    System.out.println("请输入要转换的十进制数:");
```

```
Scanner sc = new Scanner(System.in);
int n = sc.nextInt();
System.out.println("十进制数【" + n + "】转为二进制结果为:");
decimal2Binary(n);
}
```

3）采用移位运算将十进制数转换为二进制数的程序执行结果如图 1.3.2 所示。

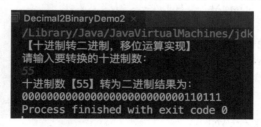

图 1.3.2　采用移位运算将十进制数转换为二进制数的程序执行结果

3. 调用 API 函数将十进制数转换为二进制数

1）调用 API 函数直接处理数据得到结果，具体实现代码如下：

```
public static void main(String[] args) {
    System.out.println("【十进制转二进制,调用 API 函数实现】");
    System.out.println("请输入要转换的十进制数:");
    Scanner sc = new Scanner(System.in);
    int n = sc.nextInt();
    System.out.println("十进制数【" + n + "】转为二进制结果为:");
    System.out.println(Integer.toBinaryString(n));
}
```

2）调用 API 函数将十进制数转换为二进制数的程序执行结果如图 1.3.3 所示。

图 1.3.3　调用 API 函数将十进制数转换为二进制数的程序执行结果

4. 采用幂运算法将十六进制数转换为十进制数

1）将十六进制数的每一位分别转换为十进制数，具体实现代码如下：

13

```java
private static int hexChar2Decimal(char charAt) {
    if (charAt >= 'A' && charAt <= 'F') {
        // A~F 转换成十进制数
        return charAt - 'A' + 10;
    } else if (charAt >= '0' && charAt <= '9') {
        // 0~9 字符转换成十进制
        return charAt - '0';
    } else {
        // 其他非法字符
        return -1;
    }
}
```

2）程序主函数相关代码如下：

```java
public static void main(String[] args) {
    System.out.println("【十六进制转十进制,幂运算法实现】");
    Scanner sc = new Scanner(System.in);
    System.out.println("请输入一个十六进制数:");
    // 读取一行,十六进制可能包含字母,需要按照字符串来处理
    String hex = sc.nextLine();
    // 全部转换成大写字母处理
    hex = hex.toUpperCase();
    // 转换后的十进制数
    int decimal = 0;
    for (int i = 0; i < hex.length(); i++) {
        // 从十六进制数的最后一个字符开始获取
        int decimalNum = hexChar2Decimal(hex.charAt(hex.length() - 1 -
i));
        if (decimalNum != -1) {
            // 乘以 16 的 0 次幂,然后++
            decimal = (int) (decimal + decimalNum * Math.pow(16, i));
        } else {
            // 如果等于-1,则是非法字符
            System.out.println("非法字符,请检查!");
            break;
        }
    }
    System.out.println("十六进制数【" + hex + "】转为十进制结果为:" +
decimal);
}
```

3）采用幂运算法将十六进制数转换为十进制数的程序执行结果如图 1.3.4 所示。

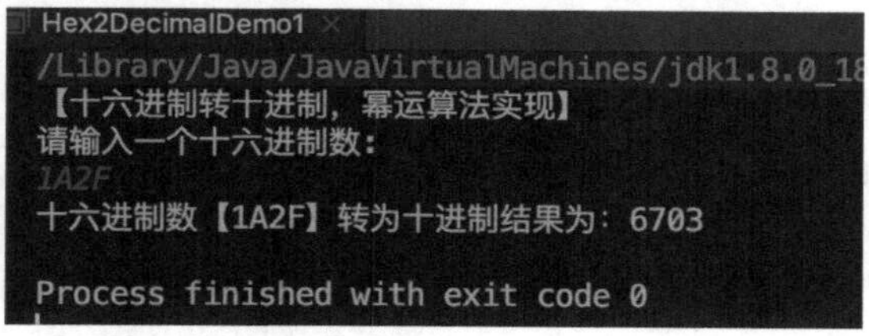

图 1.3.4　采用幂运算法将十六进制数转换为十进制数的程序执行结果

5. 实现任意进制转换

1）通过按权展开的方式，将其他进制转换为十进制，具体实现代码如下：

```java
public static long m2Decimal(String number, int n) {
    char[] ch = number.toCharArray();
    int len = ch.length;
    long result = 0;
    // 源数据为十进制数，直接返回
    if (n == 10) {
        return Long.parseLong(number);
    }
    long base = 1;
    for (int i = len - 1; i >= 0; i--) {
        int index = numStr.indexOf(ch[i]);
        result += index * base;
        base *= n;
    }
    return result;
}
```

2）通过除留取余、逆序排列的方式，将十进制再转换为其他进制，具体实现代码如下：

```java
public static String decimal2N(long number, int n) {
    Long rest = number;
    // 用栈对象保存，先进后出，方便逆序排列
    Stack<Character> stack = new Stack();
    String result = "";
    // 除留取余
    while (rest != 0) {
        stack.add(array[new Long((rest % n)).intValue()]);
```

```
        rest = rest / n;
    }
    // 逆序排列
    while (!stack.isEmpty()) {
        result += stack.pop();
    }
    return "".equals(result) ? "0" : result;
}
```

3）程序主函数相关代码如下：

```
public static void main(String[] args) {
    System.out.println("【实现任意进制转换】");
    Scanner sc = new Scanner(System.in);
    System.out.println("请输入转换前数据的进制数【2/8/10/16等】:");
    int src = sc.nextInt();
    System.out.println("请输入要转换的数据值:");
    String srcStr = sc.next();
    System.out.println("请输入转换后数据的进制数【2/8/10/16等】:");
    int dest = sc.nextInt();

    // 先转换为十进制
    Long decimalTemp = m2Decimal(srcStr, src);
    // 目标字符串
    String destStr = decimal2N(decimalTemp, dest);
    System.out.println("将【" + src + "】进制数值:" + srcStr + ",转为
【" + dest + "】进制的数值,结果为:" + destStr);
}
```

4）实现任意进制转换，程序执行结果如图 1.3.5 所示。

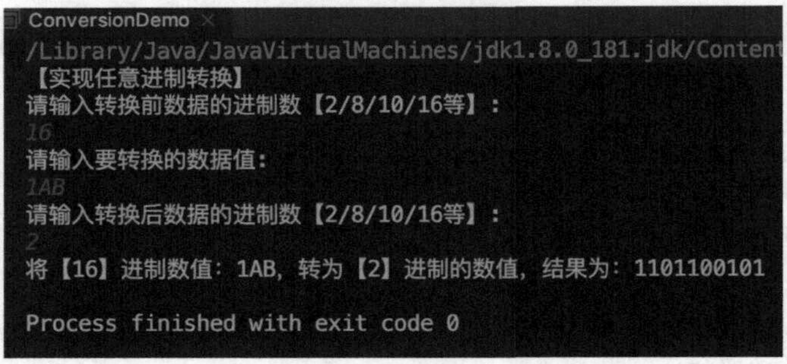

图 1.3.5　实现任意进制转换的程序执行结果

巩固强化

十进制转换为二进制可通过不断除 2 取余的操作来实现，程序执行结果如图 1.3.6 所示，结果为 110111（只展示有效位的值）。

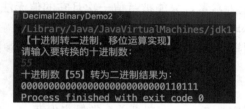

图 1.3.6 采用移位运算法实现十进制转换为二进制的程序执行结果

案例 1.4 模拟彩票系统

学习目标

1．掌握 length 属性的用法。
2．掌握 break、continue 语句的用法。
3．掌握 Math.random( )方法的用法。
4．掌握 final 修饰符的用法。
5．能够用 Java 语言实现模拟彩票系统。

案例解析

1）36 选 7，即一共 36 个号码（1～36），用户选择 7 个号码进行购买，因为号码都是正整数，所以可以通过整型数组 int[ ]来保存这些号码和开奖结果。

2）程序要求根据用户输入内容不同，选择不同购买彩票的方式。该设计算法属于条件分支方法，可以通过条件分支语句处理。

3）机器随机为用户选择号码的机制和彩票开奖实现机制一样，都可以通过随机数生成方式实现。但是随机生成后的数据不可避免可能出现重复数据，需要再进一步处理。

4）数组的对比需要将数组中每一个元素分别进行对比。

相关知识

1）数组长度在定义时即可确定，不可改变，使用 length 属性可以获取。

2）在循环中，用 break 可以结束当前循环，用 continue 可以结束当次循环。

3）Math.random( )方法可以产生[0,1)的随机浮点数，当需要获取特定范围的数时，可以通过如下方式处理：

① Math.random( )*a，可以得到[0,a)的随机浮点数。

② Math.random( )*(m-n+1)+n，可以得到[n,m]的随机浮点数。

4）final 修饰符：

① final 修饰的变量为常量，只能被赋值一次且它的值无法被改变，并且该常量的变量名通常用全大写字母命名。

② 在变量的生命周期（该方法体内）中，final 修饰方法参数的值不能被改变。

代码实现

1）彩票号码个数固定为 7 个，可定义一个常量来保存。

```
private static final int LOTTERY_NUM = 7;
```

2）定义生成 7 个随机号码的方法，用户机选号码和开奖结果都可使用。通过 Math.random( )方法生成随机号码，具体实现代码如下：

```
public static void sysSelNumber(int[] arr) {
    // 循环给数组赋值
    for (int i = 0; i < arr.length; i++) {
        // 产生[1,36]的随机数
        arr[i] = (int) (Math.random() * 36 + 1);
    }
}
```

3）随机生成的号码可能有重复，但是彩票购买不允许在同一组号码中出现相同的号码，因此需要去掉相同的号码并重新生成，直到没有重复号码。

① 查找数组中的重复数字，并将重复数字的下标返回，具体实现代码如下：

```
public static int getCommonNumberIndex(int[] arr) {
    int index = -1;
    for (int i = 0; i < arr.length; i++) {
        for (int j = arr.length - 1; j > i; j--) {
            if (arr[i] == arr[j]) {
                index = i; // 记录重复数字的下标
                break;
            }
        }
    }
    return index;
}
```

② 将重复号码重新生成为其他号码，直至不再有重复，具体实现代码如下：

```
public static void changeCommonNumber(int[] array) {
    int idx = getCommonNumberIndex(array);
    while (getCommonNumberIndex(array) != -1) {
        array[idx] = (int) (Math.random() * 36 + 1);
    }
}
```

4）自定义彩票打印格式，号码用"-"分隔，具体实现代码如下：

```
public static void printArray(int[] array) {
    for (int i = 0; i < array.length; i++) {
        if (i != array.length - 1) {
            System.out.print(array[i] + "-");
        } else {
            System.out.println(array[i]);
        }
    }
}
```

5）如果是用户自选号码，则接收保存用户输入的号码到数组中，同样需要判断并处理用户输入相同的号码，具体实现代码如下：

```
// 用户自选七个号码
System.out.println("请输入您要选择的七个号码:");
System.out.println("【提示】选择在1~36之间的号码,且不能重复!");
for (int i = 0; i < userSelArr.length; i++) {
    userSelArr[i] = sc.nextInt();
}
int idx = getCommonNumberIndex(userSelArr);
while (getCommonNumberIndex(userSelArr) != -1) {
    System.out.println("第" + (idx+1) + "个数字出现重复!");
    System.out.println("请重新输入第" + (idx+1) + "个数字:");
    userSelArr[idx] = sc.nextInt();
}
System.out.println("你的自选号码为:");
printArray(userSelArr);
break;
```

6）彩票开奖后，用户进行兑奖操作。

① 用户将自己所购买的号码与开奖结果比对，定义计数变量 counter，用来统计中奖号码的个数。具体实现代码如下：

```
public static int comparisonLotteryResult(int[] userArr, int[] sysArr) {
```

```
        int counter = 0;
        for (int i = 0; i < userArr.length - 1; i++) {
            for (int j = 0; j < sysArr.length - 1; j++) {
                if (userArr[i] == sysArr[j]) {
                    counter++;
                    break;
                }
            }
        }
        return counter;
    }
```

② 系统根据用户中奖号码个数，返回相应的中奖结果。具体实现代码如下：

```
public static void showLotteryResult(int[] userArr, int[] sysArr) {
    switch (comparisonLotteryResult(userArr, sysArr)) {
        case 1:
            System.out.println("您中了一个号码,可惜并没什么用!");
            break;
        case 2:
            System.out.println("您中了两个号码,奖励你十块钱!");
            break;
        case 3:
            System.out.println("您中了三个号码,奖励你一百块钱!");
            break;
        case 4:
            System.out.println("您中了四个号码,奖励你五百元!");
            break;
        case 5:
            System.out.println("您中了五个号码,奖励你两千元!");
            break;
        case 6:
            System.out.println("您中了六个号码,奖励你一万元!");
            break;
        case 7:
            System.out.println("天选之子,您竟然中了七个号码,奖励你五万元!");
            break;
        default:
            System.out.println("很遗憾,您一个号码都没中。祝您下次好运!");
    }
}
```

7）系统执行结果如下。

① 用户通过机选号码的执行结果如图 1.4.1 所示。

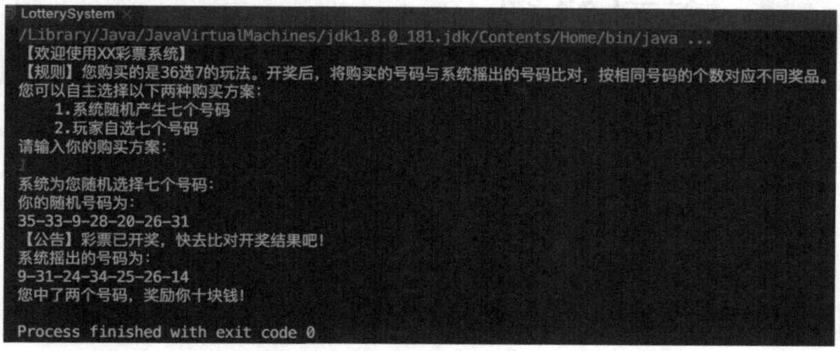

图 1.4.1　用户通过机选号码的执行结果

② 用户自选号码的执行结果如图 1.4.2 所示。

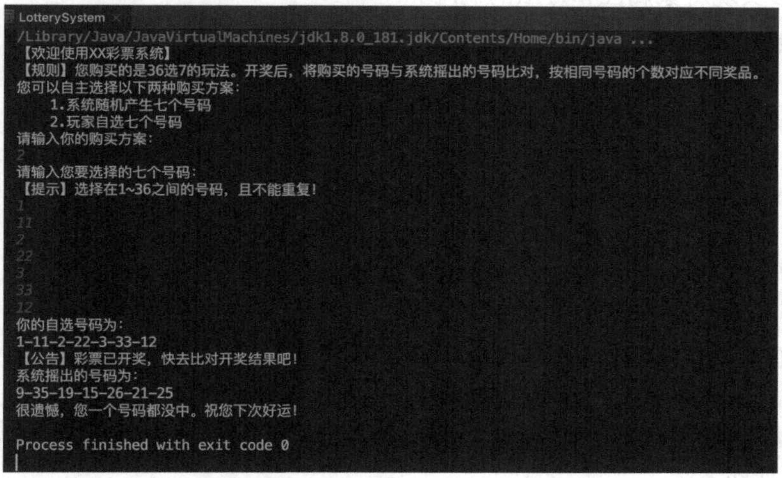

图 1.4.2　用户自选号码的执行结果

巩固强化

1）在本案例代码中，没有对用户输入数字的有效性进行限制，如数据必须在 1～36 间进行验证，请思考并添加相关验证代码。

2）通过程序，模拟用户与计算机进行剪刀石头布游戏。用户输入出拳，计算机随机出拳，比较猜拳结果。

3）尝试通过面向对象的思想来改造本案例。

单元2 类与对象

案例 2.1 人宠游戏

学习目标

1. 掌握类的定义与对象的创建方法。
2. 能够用面向对象思想创建类。
3. 能够实现对象属性和方法的调用。

案例解析

1）毛驴类、小狗类都分别具有毛色、昵称、体力值、亲密度等属性，且都具有陪主人玩、吃饭和查看当前对象状态的方法。

2）主人骑小毛驴出去玩，小毛驴体力值减 10，与主人的亲密度加 5；主人喂小毛驴吃饲料，小毛驴体力值加 50，与主人的亲密度加 10。

3）主人陪小狗玩飞盘游戏，小狗体力值减 8，与主人的亲密度加 6；主人喂小狗吃肉，小狗体力值加 60，与主人的亲密度加 20。

4）以面向对象的思想创建实体类。满足面向对象的封装性，即将属性私有化，通过提供公有的 getter/setter( )方法来操作属性，并提供构造方法来实例化对象。

5）人类与毛驴类、小狗类属于依赖关系，即在人类活动的方法中，需要依赖宠物对象及其属性和方法。

6）分别定义的实现方式比较烦琐，并且程序的扩展性很差，会出现很多冗余代码；而且以后如果需要扩展更多宠物类，则会产生更多相同或相似代码，程序的维护性也不好。通过观察数据，不难总结出毛驴类与小狗类具有相同的属性和方法，可以抽象出宠物类来定义并实现需求。

相关知识

1. 访问权限

修饰符的访问权限如表 2.1.1 所示。

表 2.1.1　修饰符的访问权限

子类	public	protected	默认	private
同包子类	√	√	√	×
同包非子类	√	√	√	×
非同包子类	√	√（可被继承）	×	×
非同包非子类	√	×	×	×

2. 构造方法

1）每个类都有构造方法，如果没有显式声明，则默认会有一个无参构造方法。如果用户有定义带参数的构造方法，就不会有默认无参的构造方法。

2）构造方法没有返回值，且必须与类同名，如果一个 Class 文件中有多个类，则构造方法必须与 public 修饰的类同名。

3）构造方法可以有任何访问权限修饰符（如 public、private、protected），也可以没有修饰符。但构造方法不能有任何非访问性质的修饰符修饰，如 static、final、abstract、synchronized 等都不能修饰构造方法。

3. 类与类、类与接口之间的关系

类与类、类与接口之间的关系有 is-a、has-a、use-a 三种。

1）is-a 的关系包括继承关系、接口实现关系。在统一建模语言（unified modeling language，UML）类图设计中，继承用一条带空心三角箭头的实线表示，从子类指向父类，或者由子接口指向父接口，如图 2.1.1 所示。接口实现用一条带空心三角箭头的虚线表示，如图 2.1.2 所示。

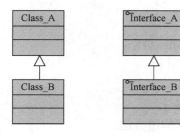
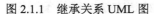
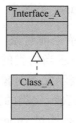

图 2.1.1　继承关系 UML 图　　　　　　图 2.1.2　接口实现关系 UML 图

2）has-a 的关系包括关联、聚合、组合（contains-a）关系。关联可以表现为被关联类 B 以类的属性出现在关联类 A 中。关联可以是单向或双向的。聚合是关联关系的一种特例，表现的是整体与部分的关系，而且整体与部分之间是可分离的。组合关系同样表现了整体与部分的关系，但此时整体与部分是不可分的，部分的生命周期随着整体生

命周期的结束而结束。在 UML 类图设计中，关联关系用由关联类 A 指向被关联类 B 的带实心三角箭头的实线表示，在关联的两端可以标注关联双方的角色和多重性标记；聚合关系以空心菱形加带实心三角箭头的实线表示；组合关系以实心菱形加带实心三角箭头的实线表示。关联、聚合、组合关系 UML 图如图 2.1.3 所示。

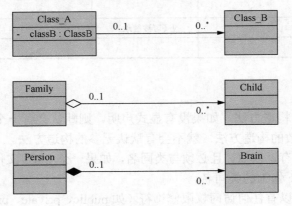

图 2.1.3　关联、聚合、组合关系 UML 图

3）use-a 的关系包括依赖关系。依赖可以简单理解为类 A 的方法参数中使用了类 B。在 UML 类图设计中，依赖关系用由类 A 指向类 B 的带实心三角箭头的虚线表示，如图 2.1.4 所示。

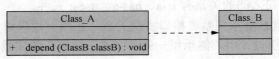

图 2.1.4　依赖关系 UML 图

4. this、super 关键字

1）this 表示当前对象，static 方法中不可以使用 this 对象。
2）this( )表示当前类的无参构造方法，只能放在首行。
3）super 表示父类对象。
4）super( )表示父类的无参构造方法，只能放在首行。
5）子类必须通过 super 关键字调用父类有参数的构造方法。
6）用 super 调用父类构造方法的语句必须是子类构造方法的第一条语句。

5. 抽象类

1）如果一个类中没有包含足够的信息用来描绘一个具体的对象，则可以定义为抽象类。在语法上，抽象类用 abstract 关键字修饰。
2）抽象类不能直接实例化对象，因此抽象类必须被继承，才能被使用。

3）如果类包含一个特别的成员方法，它的具体实现需要由它的子类确定，则可以在父类中声明该方法为抽象方法。在语法上，抽象方法同样用 abstract 关键字修饰，抽象方法只包含修饰符、返回值类型、方法名、参数，而没有方法体。

4）具有抽象方法的类一定是抽象类，但是抽象类不一定有抽象方法。

6. 编译期类型、运行时类型

1）编译期类型：由声明该变量时使用的类型所决定，即等号左边的类型。

2）运行时类型：由该变量指向的对象类型决定，即等号右边的类型。

3）如果两者类型不一致，则会出现多态，即将子类对象直接赋值给父类引用变量，称为向上转型，而不用进行类型转换。例如，Pet dog = new Dog( )，其中引用变量 dog 的编译期类型是 Pet，运行时类型是 Dog。

代码实现

1）创建毛驴类，定义类的属性和方法。

① 私有化属性。定义完属性后，可以通过 IDE 的自动生成功能（Generate）来生成对应属性的 getter( )/setter( )方法。部分代码如下：

```java
public class Donkey {
    // 毛色
    private String color;
    // 昵称
    private String nickname;
    // 体力值
    private int strength;
    // 亲密度
    private int intimacy;
    public String getColor() {
        return color;
    }
    public void setColor(String color) {
        this.color = color;
    }
    // 省略 getter()/setter()其他方法
}
```

② 在 IDE（Eclipse 或 IDEA）中打开自动生成功能，在 macOS 下的 IDEA 中，自动生成功能如图 2.1.5 所示。

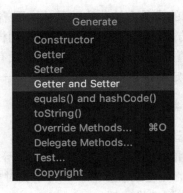

图 2.1.5　IDEA 下自动生成功能

③ 同样，可以通过自动生成功能来生成构造方法，包括无参构造方法和带参数构造方法。部分代码如下：

```java
// 无参构造方法
public Donkey() {
}
// 带参数构造方法
public Donkey(String color, String nickname, int strength, int intimacy) {
    this.color = color;
    this.nickname = nickname;
    this.strength = strength;
    this.intimacy = intimacy;
}
```

④ 实现主人骑着小毛驴去赶集的方法，小毛驴体力值减 10，与主人的亲密度加 5。部分代码如下：

```java
public void takeWalking() {
    System.out.println("主人心血来潮,骑着小毛驴去赶集。");
    this.strength -= 10; // 体力值减 10
    this.intimacy += 5;  // 与主人的亲密度加 5
}
```

⑤ 实现主人喂小毛驴吃饲料的方法，小毛驴体力值加 50，与主人的亲密度加 10。部分代码如下：

```java
public void eatFeed() {
    System.out.println("小毛驴愉快地吃饲料中。");
    this.strength += 50; // 体力值加 50
```

```
    this.intimacy += 10; // 与主人的亲密度加 10
}
```

⑥ 实现查看小毛驴的状态指标的方法。部分代码如下：

```java
public void viewStatus() {
    System.out.println("小毛驴【" + this.nickname + "】当前的状态指标为:");
    System.out.println("\t 毛色:" + this.color);
    System.out.println("\t 体力值:" + this.strength);
    System.out.println("\t 亲密度:" + this.intimacy);
}
```

2）参考毛驴类创建小狗类，定义类的属性和方法，此处代码省略。

3）创建人类，定义相关属性和方法。

① 定义成员属性（成员变量）和构造方法、getter/setter 方法。部分代码如下：

```java
public class Person {
    private String pname;

    public Person() {
    }

    public Person(String pname) {
        this.pname = pname;
    }
    //    省略 getter/setter 方法
}
```

② 实现人类与毛驴类、小狗类互动的相关方法。部分代码如下：

```java
// 主人骑小毛驴出去玩
public void playWithDonkey(Donkey donkey) {
    donkey.takeWalking();
}
// 主人陪小狗玩飞盘游戏
public void playWithDog(Dog dog) {
    dog.playFrisbee();
}
// 主人查看小毛驴的状态(体力值和亲密度)
public void viewDonkeyStatus(Donkey donkey) {
    donkey.viewStatus();
}
// 主人喂小毛驴吃饲料
```

```
public void feedDonkey(Donkey donkey) {
    donkey.eatFeed();
}
// 其他方法类似
```

4）在程序主函数中分别创建毛驴类、小狗类、人类的对象，因为人类对象的方法依赖宠物类对象，所以需要先创建毛驴类、小狗类的对象。部分代码如下：

```
public static void main(String[] args) {
    // 创建小毛驴对象,使用无参构造方法,再通过setter()方法给属性赋值
    Donkey donkey = new Donkey();
    donkey.setColor("灰色");
    donkey.setNickname("阿毛");
    donkey.setStrength(100);
    donkey.setIntimacy(50);
    // 创建小狗对象,直接使用带参数构造方法,在初始化对象的同时给属性赋值
    Dog dog = new Dog("白色", "小旺", 100, 80);
    // 创建主人对象,直接使用带参数构造方法,在初始化对象的同时给属性赋值
    Person person = new Person("yakov");
    // 我有一只小毛驴,我从来也不骑,看下小毛驴的状态
    person.viewDonkeyStatus(donkey);
    // 有一天,主人心血来潮,骑着小毛驴去赶集
    person.playWithDonkey(donkey);
    // 赶集回来,查看小毛驴的状态
    person.viewDonkeyStatus(donkey);
    // 小毛驴饿了,主人喂小毛驴吃饲料
    person.feedDonkey(donkey);
    // 小毛驴吃饱了,查看小毛驴的状态
    person.viewDonkeyStatus(donkey);
    // 小狗对象执行方法类似,此处省略
}
```

5）为了提高程序的代码质量和可维护性，可以抽象宠物类，将所有宠物共同的特点抽象出来，在宠物类中定义抽象的方法。部分代码如下：

```
public abstract class Pet {
    // 毛色
    private String color;
    // 昵称
    private String nickname;
    // 体力值
    private int strength;
```

```java
    // 亲密度
    private int intimacy;
    // 无参构造方法
    public Pet() {
    }
    // 带参数构造方法
    public Pet(String color, String nickname, int strength, int intimacy) {
        this.color = color;
        this.nickname = nickname;
        this.strength = strength;
        this.intimacy = intimacy;
    }
    // 此处省略 getter()/setter() 方法,代码中有具体体现
    // 抽象的玩方法
    public abstract void play();
    // 抽象的吃方法
    public abstract void eat();
    // 抽象的查看状态方法
    public abstract void viewStatus();
}
```

6）创建毛驴类、小狗类，继承（extends）抽象宠物类，创建构造方法，通过 super( ) 方法调用父类构造方法，并各自实现抽象方法。毛驴类的实现代码如下，小狗类的实现代码与毛驴类的实现代码类似。

```java
public class Donkey extends Pet {

    public Donkey() {
    }

    public Donkey(String color, String nickname, int strength, int
intimacy) {
        super(color, nickname, strength, intimacy);
    }

    /**
     * 主人骑小毛驴出去玩,小毛驴的体力值减 10,与主人的亲密度加 5
     */
    @Override
    public void play() {
        System.out.println("主人心血来潮,骑着小毛驴去赶集。");
        this.setStrength(this.getStrength() - 10); // 体力值减 10
```

```
            this.setIntimacy(this.getIntimacy() + 5); // 与主人的亲密度加 5
        }


        /**
         * 小毛驴吃饲料,小毛驴的体力值加 50,与主人的亲密度加 10
         */
        @Override
        public void eat() {
            System.out.println("小毛驴愉快地吃饲料中。");
            this.setStrength(this.getStrength() + 50); // 体力值加 50
            this.setIntimacy(this.getIntimacy() + 10); // 与主人的亲密度加 10
        }


        /**
         * 查看小毛驴的状态指标
         */
        @Override
        public void viewStatus() {
            System.out.println("小毛驴【" + this.getNickname() + "】当前的
状态指标为:");
            System.out.println("\t 毛色:" + this.getColor());
            System.out.println("\t 体力值:" + this.getStrength());
            System.out.println("\t 亲密度:" + this.getIntimacy());
        }

    }
```

7) 在人类的依赖方法中,可以简便地依赖抽象宠物类,通过"父类引用"作为参数,方便地调用各个具体实现类的方法。部分代码如下:

```
    /**
     * 主人跟宠物玩
     * @param pet
     */
    public void playWithPet(Pet pet) {
        pet.play();
    }


    /**
     * 主人查看宠物的状态(体力值和亲密度)
     * @param pet
     */
    public void viewStatus(Pet pet) {
```

```
        pet.viewStatus();
    }

    /**
     * 主人喂养宠物
     * @param pet
     */
    public void feedPet(Pet pet) {
        pet.eat();
    }
```

8）在程序入口函数中，定义宠物类时也可以直接定义为宠物类型，部分代码如下。其他具体实现可参照上面的 main( )函数。

```
// 创建小毛驴对象,使用无参构造方法,再通过 setter 方法给属性赋值
Pet donkey = new Donkey();
donkey.setColor("灰色");
donkey.setNickname("阿毛");
donkey.setStrength(100);
donkey.setIntimacy(50);
// 创建小狗对象,直接使用带参数构造方法,在初始化对象的同时给属性赋值
Pet dog = new Dog("白色", "小旺", 100, 80);
```

9）程序执行结果如图 2.1.6 所示。

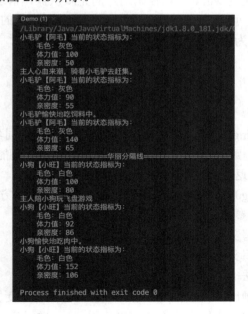

图 2.1.6　人宠游戏的程序执行结果

巩固强化

1）给宠物的体力值和亲密度设置上限，并在程序中加以控制。

2）定义一个抽象的角色类，有姓名、年龄、性别等成员变量。要求满足封装性，具有一个抽象的 play( )方法。定义员工类，继承抽象的角色类，增加职工编号、薪资属性。

案例 2.2　几何图形面积和周长计算

学习目标

1．掌握方法重载与方法重写的实现方法。

2．能够用 Java 语言实现几何图形周长和面积的计算。

案例解析

1）可以定义计算方法，通过传入不同形式的参数来计算不同几何图形的周长和面积。

2）在主程序中，通过 switch 语句处理用户输入的不同选择。注意不同分支之间应添加 break 来控制。

3）在主程序中，通过 while 语句控制用户的无限次操作请求。

4）在现实生活中，可能存在某一类物体的形状是不确定的情况，于是我们可以将形状类抽象出来，定义为抽象类，在类中进行方法的定义。

相关知识

1．重载与重写

1）重载（overloading），即方法重载。可以简单概述为"同名不同参"，即同一个类中的多个方法的方法名相同，但这些方法的参数列表不同，可能是参数的类型、个数、顺序不相同，且无法以返回类型作为重载函数的区分标准。

2）重写（overriding），即方法重写或方法覆盖。子类中的方法与父类中的方法具有相同的方法名、相同的参数列表和相同的返回类型。

① 子类中不能重写父类中的 final( )方法。

② 子类中必须重写父类中的 abstract( )方法。

③ 子类中重写方法的访问修饰权限不能小于父类。

④ 重写方法不能抛出新的检查异常或比被重写方法范围更大的检查型异常。

⑤ 如果需要调用父类中原有的方法，可使用 super 关键字。

2. 多态性

1）多态性是面向对象程序设计的一种特性。

2）多态性存在的 3 个必要条件：继承或接口实现、方法重写、父类引用指向子类对象。

3）重载可以理解为一个类中多态性的表现（编译时的多态性），通过输入参数个数和参数类型的差异，执行不同的处理。做到不同参数，不同实现，即静态多态性。

4）重写体现了父类与子类之间的多态性（运行时的多态性），子类对父类的方法进行重新定义和实现，当输入参数一样时，能做出有别于父类的响应。做到相同参数，不同实现，即动态多态性。

5）向上转型：当有子类对象赋值给一个父类引用时，便是向上转型，多态性本身就是向上转型的过程。向上转型的作用是隐藏子类类型，提高代码的扩展性。但是向上转型后，只能使用父类共性的内容，而无法使用子类特有的功能，功能有所限制。当不需要直接使用子类类型时，通过提高扩展性，或者使用父类的功能就可完成必需的操作，这时可以使用向上转型，其代码格式及举例如下。

格式：

```
父类类型 变量名 = new 子类类型();
```

举例：

```
Person p = new Student();
```

6）向下转型：一个已经向上转型的子类对象可以使用强制类型转换的格式，将父类引用转换为子类引用，这个过程就是向下转型。如果是直接创建的父类对象，则无法向下转型。当要使用子类特有的功能时，就需要使用向下转型。向下转型时容易出现 ClassCastException 类型转换异常，故在转换之前必须使用 instanceof 关键字进行类型判断，其代码格式及举例如下：

格式：

```
子类类型 变量名 = (子类类型) 父类类型的变量;
```

举例：

```
Student stu = (Student) p;
```

代码实现

1）创建图形类，在类中定义周长值的属性，并定义多个计算不同图形周长的方法，通过传入不同个数或类型的参数（多态参数）来实现。

```
public class Shape {
```

```
// 周长值
private double drawRound;
public void round(double r) {
    drawRound = 2 * r * Math.PI;
    System.out.println("圆形的周长为:" + drawRound);
}
public void round(int length) {
    drawRound = 4 * length;
    System.out.println("正方形的周长为:" + drawRound);
}
public void round(int length, int width) {
    drawRound = 2 * (length + width);
    System.out.println("长方形的周长为:" + drawRound);
}
public void round(int a, int b, int c) {
    if ((a + b > c) && (a + c > b) && (b + c > a)) {
        drawRound = a + b + c;
        System.out.println("三角形的周长为:" + drawRound);
    } else {
        System.out.println("三条边的数据无法构成三角形,请重试!");
    }
}
```

2）在程序入口类中，根据用户输入的不同选择，调用对象的不同计算方法。

```
Scanner sc = new Scanner(System.in);
Shape shape = new Shape();
System.out.println("请选择你要计算的图形:");
System.out.println("\t1-圆形");
System.out.println("\t2-正方形");
System.out.println("\t3-长方形");
System.out.println("\t4-三角形");
int sel = sc.nextInt();
while (sel == 1 || sel == 2 || sel == 3 || sel == 4) {
    switch (sel) {
        case 1: // 圆形
            System.out.println("请输入圆的半径:");
            double r = sc.nextDouble();
            shape.round(r);
```

```
            break;
         case 2: // 正方形
            System.out.println("请输入正方形的边长:");
            int length = sc.nextInt();
            shape.round(length);
            break;
         case 3: // 长方形
            System.out.println("请输入长方形的长:");
            int h = sc.nextInt();
            System.out.println("请输入长方形的宽:");
            int w = sc.nextInt();
            shape.round(h, w);
            break;
         case 4: // 三角形
            System.out.println("请输入三角形的三边长:");
            int a = sc.nextInt();
            int b = sc.nextInt();
            int c = sc.nextInt();
            shape.round(a, b, c);
            break;
      }
      System.out.println("请选择你要计算的图形:");
      System.out.println("\t1-圆形");
      System.out.println("\t2-正方形");
      System.out.println("\t3-长方形");
      System.out.println("\t4-三角形");
      sel = sc.nextInt();
   }
   System.out.println("输入有误,程序结束。");
```

3）上述代码的可读性和扩展性都不好，也不符合面向对象的设计思想。我们继续创建抽象形状类，并定义计算图形边长和面积的方法。

```
public abstract class Shape {
   /**
    * 计算周长的抽象方法
    * @return 周长值
    */
   public abstract double calPerimeter();
   /**
```

```
        * 计算面积的抽象方法
        * @return 面积值
        */
        public abstract double calArea();
}
```

4）分别创建各种具体形状的类，并继承抽象形状类，实现具体的计算方法。部分代码如下，其他具体实现类代码类似。

```
/**
 * 长方形类,继承抽象的形状类
 */
public class Rectangle extends Shape {
    private double w;
    private double h;
    public Rectangle(double w, double h) {
        this.h = h;
        this.w = w;
    }

    @Override
    public double calPerimeter() {
        return (w+h)*2;
    }
    @Override
    public double calArea() {
        return w * h;
    }
}
```

5）程序主函数操作大部分不变，只需要在创建具体图形对象时使用具体的运行时类型即可，再通过对象分别调用各自具体的实现方法。

```
switch (sel) {
    case 1: // 圆形
        System.out.println("请输入圆的半径:");
        double r = sc.nextDouble();
        Shape circle = new Circle(r);
        showResult("圆形", circle);
        break;
    case 2: // 正方形
```

```java
        System.out.println("请输入正方形的边长:");
        int length = sc.nextInt();
        Shape square = new Square(length);
        showResult("正方形", square);
        break;
    case 3: // 长方形
        System.out.println("请输入长方形的长:");
        double h = sc.nextInt();
        System.out.println("请输入长方形的宽:");
        double w = sc.nextInt();
        Shape rectangle = new Rectangle(h, w);
        showResult("长方形", rectangle);
        break;
    case 4: // 三角形
        System.out.println("请输入三角形的三边长:");
        int a = sc.nextInt();
        int b = sc.nextInt();
        int c = sc.nextInt();
        System.out.println("请输入三角形的高:");
        int _h = sc.nextInt();
        Shape triangle = new Triangle(a, b, c, _h);
        showResult("三角形", triangle);
        break;
    }
```

6）输入正确时，程序执行结果如图 2.2.1 所示；输入错误时，程序执行结果如图 2.2.2 所示。

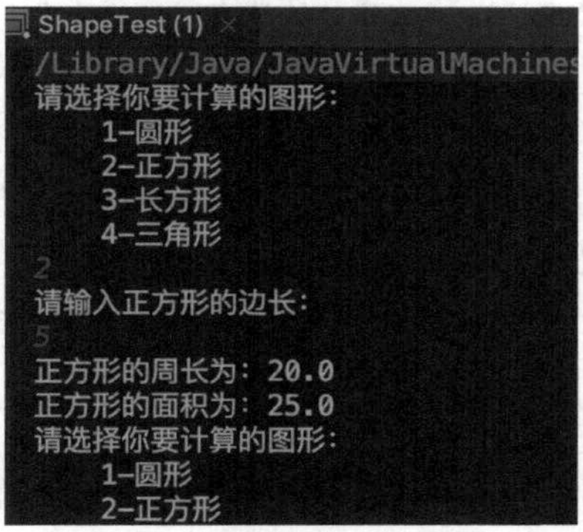

图 2.2.1　输入正确时的程序执行结果

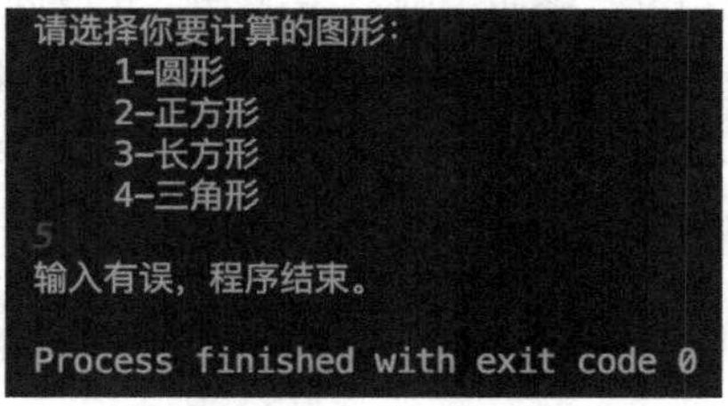

图 2.2.2　输入错误时的程序执行结果

Java 面向对象程序设计与应用

巩固强化

修改程序主函数，将 while 语句改成 while 语句和 if 语句来控制程序的无限次输入执行。

案例 2.3　模拟彩票平台

学习目标

1．掌握对象数组的使用方法。
2．能够进行数组项的添加、修改和删除。
3．掌握数组容量设置和扩容的方法。
4．能够用 Java 语言实现模拟彩票平台。

案例解析

1）设计一个用户类，类具有用户名、密码、会员号等属性。

2）设计系统管理类，类中创建存储用户对象的数组，提供增加、删除、修改、查找的方法。

3）创建测试类，在主方法中循环用 while(true)显示主菜单界面，并通过接收用户输入来控制执行的过程。

4）系统具有注册、登录、抽奖、查询、修改密码、注销账号等功能。

① 注册：即向存储用户对象的数组中添加元素。添加前需要判断数组中是否有同名元素，即注册用户的重名验证。因为数组容量大小固定不可改变，所以需要判断数组是否已满，如果数组已满，就需要创建一个更大的数组，把原来的数据复制过来。

② 登录：即将用户输入的用户名和密码传入系统中，可以将用户名、密码分开传输，也可以封装成用户对象传送，然后将数据与系统的存储数组比较。如果存在相同的用户名、密码，则登录成功，并返回登录成功对象以便后续使用；否则提示登录失败。系统提供给用户 3 次输入的机会，如果输入错误达到 3 次，则自动退出系统。

③ 抽奖：由系统随机抽取一个幸运用户，登录成功的用户可以查看自己的会员号是否中奖。

④ 查询：系统展示所有用户信息列表，以便查看管理。

⑤ 修改密码：输入用户名、原密码、新密码、确认新密码完成修改。同时需要判断两次新密码输入是否一致、原密码是否正确。

⑥ 注销账号：验证用户名、密码，若都正确则删除数组中的用户信息，同时注意数组容量和内容元素顺序的处理。

38

相关知识

1）数组的大小需要在定义时给定，并且不能改变数组长度。

2）Arrays.copyOf( )方法可实现数组的复制。返回新的数组对象，不会影响原来的数组。第二个参数指定新数组的长度。

3）使用多层循环嵌套、循环和 switch 结合时，一定要特别注意当 break 结束循环时，结束的是哪一层的循环，避免判断错误影响处理结果。

4）Random 类可以用来获得随机数，此处用 random.nextInt(8999) + 1000 来随机生成一个 4 位整数的会员号和抽奖结果。

代码实现

1）创建用户实体类，私有化属性，提供公有访问方法；提供带参数的构造方法，以便创建对象并初始化属性；重写 toString( )方法，方便输出查询对象信息。

```java
public class User {
    private String uname;      // 用户名
    private String upwd;       // 密码
    private int cardNo;        // 会员号
    public User(String uname, String upwd) {
        this.uname = uname;
        this.upwd = upwd;
    }
    public User(String uname, String upwd, int cardNo) {
        this.uname = uname;
        this.upwd = upwd;
        this.cardNo = cardNo;
    }
            ......// 省略其他方法
}
```

2）创建游戏管理类，实现系统的核心业务功能流程。

① 定义用户数组、数组默认大小和一个用来记录当前操作元素个数的属性。

```java
private static final int DEFAULT_SIZE = 10;
private User[] users = null;      // 声明一个用户对象数组
private int count = 0;            // 记录当前元素个数
```

② 创建带参数和不带参数的构造方法。

```java
public MonopolySys() {
```

```
        users = new User[DEFAULT_SIZE];
    }

    public MonopolySys(int size) {
        if (size > 0) {
            users = new User[size];    // 初始创建用户数
        } else {
            users = new User[DEFAULT_SIZE];
        }
    }
```

③ 定义用户注册方法,需要判断数组容量和用户名是否重复。

```
    // 先判断数组是否已满
    if (count >= users.length) {
        // 如果数组已满,则将数组扩建原来的3/2
        users = Arrays.copyOf(users, users.length * 3 / 2 + 1);
    }
    // 判断是否存在重复账号
    for (int i = 0; i < count; i++) {
        if (users[i].getUname().equals(user.getUname())) {
            System.out.println("用户名已被注册,请重新输入!!");
            return;
        }
    }
    // 添加元素到数组的第 count 项
    users[count] = user;
    // 更新 count
    count++;
```

④ 定义用户登录方法,若用户名和密码正确,则登录成功。

```
    for (int i = 0; i < count; i++) {
        // 验证用户名、密码
        if (users[i].getUname().equals(user.getUname()) && users[i].getUpwd().
equals(user.getUpwd())) {
            System.out.println("登录成功,欢迎【" + users[i].getUname() + "】");
            // 返回登录成功对象
            return users[i];
        }
    }
```

⑤ 定义抽奖方法，简单判断系统抽取号码与用户会员号是否相等。

```
if (user.getCardNo() == num) {
    System.out.println("今天的幸运数字为：【" + num + "】,你的会员号为：【" +
user.getCardNo() + "】,恭喜您中奖了。");
    } else {
        System.out.println("今天的幸运数字为：【" + num + "】,你的会员号为：【" +
user.getCardNo() + "】,很遗憾,您没有中奖。");
    }
```

⑥ 定义账户注销处理方法，从数组中删除用户信息，同时调整数组元素和容量。

```
for (int i = 0; i < count; i++) {
    if (users[i].getUname().equals(name) && users[i].getUpwd().equals
(password)) {
        // 把删除位置后面的元素往前挪一位
        for (int j = i; j < count; j++) {
            users[i] = users[i + 1];
        }
        // 把原来数组的最后一位释放
        users[count] = null;
        count--;
        System.out.println("账号销户成功。");
        return true;
    }
}
```

⑦ 定义修改密码的方法，需要验证原密码是否正确。

```
for (int i = 0; i < count; i++) {
    if (users[i].getUname().equals(uname) && users[i].getUpwd().equals
(oldPwd)) {
        users[i].setUpwd(newPwd);
        System.out.println("修改密码成功!!");
        return true;
    }
}
```

⑧ 输出查询所有用户信息，因为用户已经重写 toString( )方法，所以可以直接输出。

```
public void printAllUserInfo() {
    for (int i = 0; i < count; i++) {
        System.out.println(users[i]);
```

```
        }
    }
```

⑨ 打印主菜单界面。

```java
public void printSystemMenu() {
    System.out.println("**********欢迎进入模拟彩票平台**********");
    System.out.println("                    1.用户注册");
    System.out.println("                    2.用户登录");
    System.out.println("                    3.幸运开奖");
    System.out.println("                    4.查询用户信息");
    System.out.println("                    5.用户修改密码");
    System.out.println("                    6.注销账号信息");
    System.out.println("                    其他数字退出系统");
    System.out.println("****************************************");
}
```

3）程序执行入口类。

① 实例化系统对象，定义需要使用的相关变量。

```java
// 实例化游戏系统,并设置用户容量
MonopolySys monopolySys = new MonopolySys(10);
Scanner sc = new Scanner(System.in);
Random random = new Random();
// 打印菜单界面
monopolySys.printSystemMenu();
System.out.print("请输入你的选择:");
int selIdx = sc.nextInt();
User user = null;
int tryCounter = 1;
```

② 用循环、条件语句处理用户的业务请求。

```java
while (selIdx != 0) {
    switch (selIdx) {
        case 1:
            System.out.println("【用户注册】");
            // 省略其他
        case 2:
            System.out.println("【用户登录】");
    ...
```

4）程序执行结果如下。

① 用户注册的程序执行结果如图 2.3.1 所示。

② 用户登录的程序执行结果如图 2.3.2 所示，3 次失败则结束程序。

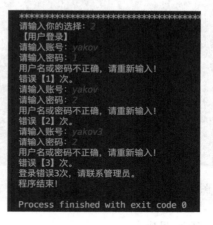

```
            1.用户注册
            2.用户登录
            3.幸运开奖
            4.查询用户信息
            5.用户修改密码
            6.注销账号信息
            其他数字退出系统
*****************************************
请输入你的选择:1
【用户注册】
请输入账号: yakov
请输入密码: 138011
注册成功!!
用户名    密码      会员号
yakov    138011   7728
```

图 2.3.1 用户注册的程序执行结果

```
*****************************************
请输入你的选择: 2
【用户登录】
请输入账号: yakov
请输入密码: 1
用户名或密码不正确, 请重新输入!
错误【1】次。
请输入账号: yakov
请输入密码: 2
用户名或密码不正确, 请重新输入!
错误【2】次。
请输入账号: yakov3
请输入密码: 2
用户名或密码不正确, 请重新输入!
错误【3】次。
登录错误3次, 请联系管理员。
程序结束!

Process finished with exit code 0
```

图 2.3.2 用户登录的程序执行结果

③ 用户登录成功的程序执行结果如图 2.3.3 所示。

```
            其他数字退出系统
*****************************************
请输入你的选择: 2
【用户登录】
请输入账号: yakov
请输入密码: 138011
登录成功, 欢迎【yakov】
```

图 2.3.3 用户登录成功的程序执行结果

④ 幸运开奖的程序执行结果如图 2.3.4 所示。

```
*****************************************
请输入你的选择: 3
【幸运开奖】
今天的幸运数字为:【5910】,你的会员号为:【5134】, 很遗憾, 您没有中奖。
```

图 2.3.4 幸运开奖的程序执行结果

⑤ 查询用户信息的程序执行结果如图 2.3.5 所示。

```
*****************************************
请输入你的选择: 4
【查询用户信息】
User{uname='yakov', upwd='138011', cardNo=5134}
User{uname='a', upwd='123', cardNo=2199}
```

图 2.3.5 查询用户信息的程序执行结果

⑥ 用户修改密码的程序执行结果如图 2.3.6 所示。

⑦ 注销账号信息的程序执行结果如图 2.3.7 所示。

图 2.3.6　用户修改密码的程序执行结果　　　　图 2.3.7　注销账号信息的程序执行结果

 巩固强化

改善修改密码的方式，如果是已登录的用户，则只能修改自己的密码，即只需要输入原密码和新密码。

案例 2.4　简易银行业务

 学习目标

1．掌握 equals( )的使用方法。
2．掌握重写 hashCode( ) 的方法。
3．能够使用 Java 语言实现简易银行业务。

 案例解析

1）进入系统后，提示用户选择角色（管理员、普通用户）登录。管理员和普通用户登录后可进行各自的操作：管理员可以进行查看用户信息、修改用户信息、增加用户、删除用户等用户管理的操作；普通用户可以进行存钱、取钱、查看余额、修改密码等操作。在程序中，可以使用条件语句（if...else 或 switch...case）来完成控制。

2）用户（管理员、普通用户）登录，需要验证用户输入的用户名和密码是否正确，因为用户名和密码都是字符串，所以可以通过字符串 equals( )方法判断是否相等。我们也可以重写比较对象类的 equals( )方法，自定义对象相等的规则，以便将对象直接进行比较。

3）直接调用对象输出时，默认调用对象的 toString( )方法，如果类中没有 toString( )方法，则默认执行父类（Object 类）的方法。通常我们希望直接输出对象的时候能查看比较清楚和详细的对象信息，所以可以在类中重写 toString( )方法。

4）所有的管理员和普通用户的账户信息都需要保存，在程序中，我们模拟一个数据库操作类，用来保存账户信息，并提供一系列对数据操作的方法。

相关知识

1）equals( )方法用于比较两个对象是否相同。Object 类中的 equals( )方法通过比较引用地址来判断是否是同一个对象，通过重写该方法可以实现自定义的判断规则。重写 equals( )方法的规范如下。

① 自反性：任何非空引用 a，a.equals(a)结果都返回 true。

② 对称性：任何引用 a 和 b，当 a.equals(b)返回 true 时，b.equals(a)也应返回 true。

③ 传递性：任何引用 a、b 和 c，当 a.equals(b)和 b.equals(c)都返回 true 时，a.equals(a)也应返回 true。

④ 一致性：如果 a 和 b 引用的对象没有发生变化，那么反复引用 a.equals(b)都应返回一样的结果。

⑤ 任何非空引用 a.equals(null)都应返回 false。

2）重写 equals( )方法时，也要重写 hashCode( )方法。

① hashCode( )方法用于散列数据的快速存储。HashSet、HashMap、HashTable 等类存储数据时都是根据存储对象的 hashCode 值来进行分类存储的，即一般先根据 HashCode 值在集合中进行分类，再根据 equals( )方法判断对象是否相同。

② 如果根据 equals( )方法判断两个对象是否相同，则每个对象调用 hashCode( )方法都必须生成相同的整数结果。如果两个 hashCode( )方法返回的结果相等，则两个对象的 equals( )方法不一定相等。

③ HashMap 对象根据其 Key 的 hashCode 值来获取对应的 Value。同时重写两个方法，使相等的两个对象获取的 HashCode 值也相等，这样当此对象作 Map 类中的 Key 时，两个 equals( )为 true 的对象其获取的 value 都是同一个，比较符合实际。

3）String 类中的 equalsIgnoreCase( )方法，用于比较两个字符串是否相等，但不区分大小写。

代码实现

1）创建管理员类（Admin.java）、普通用户类（Customer.java）。

① 管理员具有用户名、密码两个属性。定义属性，提供 getter( )/setter( )方法和构造方法，重写 toString( )方法方便我们直接输出查看对象。

```
private String adminName;
private String adminPassword;
// 构造方法
public Admin(String adminName, String adminPassword) {
    this.adminName = adminName;
    this.adminPassword = adminPassword;
}
// 省略 getter()和 setter()方法
@Override
public String toString() {
    return "【管理员信息】用户名:" + adminName + ", 密码:" + adminPassword;
}
```

② 重写管理员类中的 equals( )方法和 hashCode( )方法，以方便直接比较对象。比较时，若用户名和密码都相同，则两个管理员对象相同。软件版本 JDK1.7 之后提供了默认的重写方式，可以通过 IDE 工具快速创建 equals( )方法和 hashCode( )方法，如图 2.4.1 所示；也可以根据需要自行修改两个方法中的属性，如图 2.4.2 和图 2.4.3 所示。

```
@Override
public boolean equals(Object o) {
    if (o == null) return false;
    if (this == o) return true;
    if(o instanceof Admin) {
        Admin admin = (Admin) o; // 向下转型
        return Objects.equals(adminName, admin.adminName) &&
                Objects.equals(adminPassword, admin.adminPassword);
    } else {
        return false;
    }
}
@Override
public int hashCode() {
    return Objects.hash(adminName, adminPassword);
}
```

图 2.4.1　通过 IDE 工具创建 equals( )方法和　　　　图 2.4.2　修改 equals( )方法中的属性
hashCode( )方法

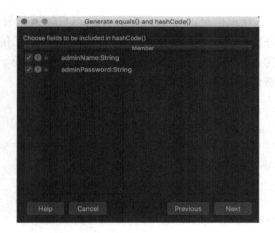

图 2.4.3　修改 hashCode( )方法中的属性

③ 通过类似的操作继续创建普通用户类，用户具有用户名、密码、余额、电话属性，提供 getter( )/setter( )方法和构造方法。重写 toString( )方法和判等方法。

```
private String userName;
private String userPassword;
private int money;
public String tel;
// 其他参照管理员类
```

2）创建银行数据存储仓库类，保存管理员和普通用户的账户信息，模拟数据库操作。

① 定义数组，保存管理员和普通用户的账户信息，在构造方法中初始化数据。

```java
private Admin[] admins;
private Customer[] cus;

public DataBase() {
    admins = new Admin[2];
    cus = new Customer[10];
    admins[0] = new Admin("admin", "admin");
    admins[1] = new Admin("yakov", "1380");
    cus[0] = new Customer("u000", "p0000");
    cus[1] = new Customer("u001", "p0000");
    cus[2] = new Customer("u002", "p0000");
    cus[3] = new Customer("u003", "p0000");
    cus[4] = new Customer("u004", "p0000");
}
```

② 提供验证管理员登录信息的方法，接收登录用户输入的管理员用户名和密码作为参数，可以将参数分别传入，也可以封装成管理员对象后一起传入。此处，我们将两个数据封装成对象后传入，将传入的对象与数据仓库的数据比较，返回比较结果，提示用户登录成功与否。普通用户登录的验证方法也类似。

```java
public Admin selectAdminByLogin(Admin admin) {
    for (int i = 0; i < admins.length; i++) {
        if (admins[i] != null && admins[i].equals(admin)) {
            return admins[i];
        }
    }
    return null;
}
```

③ 管理员同时可以选择查看所有用户的信息，因为用户类中已经重写了 toString( ) 方法，所以可以直接循环输出用户对象进行查看。

```java
public void showCusInfoList() {
    System.out.println("所有用户信息如下:");
    for (int i = 0; i < cus.length; i++) {
        if (cus[i] != null) {
            System.out.println("\t" + cus[i]);
        }
    }
}
```

④ 管理员可以添加普通用户的账户，添加时注意处理重名等问题。

```java
public int addCusByAdmin(Customer customer) {
    for (int i = 0; i < cus.length; i++) {
        if (cus[i] != null && cus[i].getUserName().equals(customer.
getUserName())) {
            return -1;
        } else if (cus[i] == null) {
            cus[i] = customer;
            return 1;
        }
    }
    return 0;
}
```

⑤ 管理员可以根据用户名修改普通用户信息，通过接收用户信息参数进行操作。

```java
public boolean updateCustomerByAdmin(Customer cusInfo) {
    for (int i = 0; i < cus.length; i++) {
        if (cus[i] != null && cus[i].getUserName().equals(cusInfo.
getUserName())) {
            cus[i].setUserName(cusInfo.getUserName());
            cus[i].setUserPassword(cusInfo.getUserPassword());
            cus[i].setMoney(cusInfo.getMoney());
            cus[i].setTel(cusInfo.getTel());
            return true;
        }
    }
    return false;
}
```

⑥ 管理员可以根据用户名删除普通用户信息，通过接收用户名作为参数进行操作。同时注意，如果普通用户账户中还有金额，则不能直接删除，需要给予合适的提示。

```java
public int deleteCusByAdmin(String username) {
    for (int i = 0; i < cus.length; i++) {
        if (cus[i] != null && cus[i].getUserName().equals(username)) {
            if (cus[i].getMoney() != 0) {
                return -1;
            } else {
                cus[i] = null;
                return 1;
            }
        }
```

```
        }
        return 0;
    }
```

⑦ 普通用户可以向账户中存钱。

```
public Customer inMoney(Customer customer) {
    if (customer.getMoney() <= 0) {
        System.out.println("无效的存款金额,请重新输入!");
        return null;
    }
    for (int i = 0; i < cus.length; i++) {
        if (cus[i] != null && cus[i].getUserName().equals(customer.
getUserName())) {
            cus[i].setMoney(cus[i].getMoney() + customer.getMoney());
            return cus[i];
        }
    }
    return null;
}
```

⑧ 普通用户同样可以从账户中取钱,但需要注意判断账户中的余额是否充足。

```
public Customer outMoney(Customer customer) {
    if (customer.getMoney() <= 0) {
        System.out.println("无效的取款金额,请重新输入!");
        return null;
    }
    for (int i = 0; i < cus.length; i++) {
        if (cus[i] != null && cus[i].equals(customer)) {
            if (cus[i].getMoney() >= customer.getMoney()) {
                cus[i].setMoney(cus[i].getMoney() - customer.getMoney());
                return cus[i];
            } else {
                System.out.println("余额不足");
                return null;
            }
        }
    }
    return null;
}
```

⑨ 登录成功后的普通用户可以自行修改密码。

```java
public boolean updateCustomer(Customer customer) {
    for (int i = 0; i < cus.length; i++) {
        if (cus[i] != null && cus[i].equals(customer)) {
            cus[i].setUserPassword(customer.getUserPassword());
            return true;
        }
    }
    return false;
}
```

3）创建银行类。银行类具有银行名称和数据存储对象两个属性。在银行类中，提供了一系列银行业务相关的方法。

```java
private String bankName;
private DataBase db;

public Bank(String bankName) {
    this.bankName = bankName;
    db = new DataBase();
}
```

4）创建模拟界面类，在控制台接收用户输入的信息，处理银行业务流程。

```java
System.out.println("欢迎使用【" + bank.getBankName() + "】的系统");
System.out.println("请选择操作:");
System.out.println("\t1.管理员登录");
System.out.println("\t2.用户登录");
System.out.println("\t3.退出");
// 其他代码省略
```

5）程序部分执行结果如下。

① 进入系统，选择管理员登录，输入账号、密码完成登录，如图 2.4.4 所示。

图 2.4.4 管理员登录

② 管理员登录完成后，可以进行一系列操作，如查看用户信息，如图 2.4.5 所示。

③ 可以返回上一级，即类似用户注销的功能，也可以退出系统、结束程序，如图 2.4.6 所示。

图 2.4.5　查看用户信息

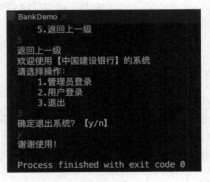

图 2.4.6　退出系统

④ 普通用户也可以输入用户名、密码登录系统，进而完成用户的业务办理，如图 2.4.7 所示。

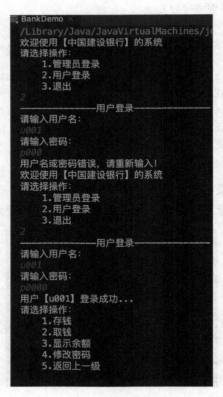

图 2.4.7　普通用户登录

巩固强化

创建抽象人类。该类具有姓名、性别、年龄等属性和自我介绍的方法。创建教师类、学生类继承人类。教师类具有教授科目、是否是班主任等属性和查看学生成绩的方法。学生类具有班级、考试成绩等属性。

① 重写 equals( )方法完成判断,如果教师教授的科目一样,且都是班主任,则认为他们的职级一样。

② 设计一个方法,让教师可以查看班级中成绩一样的学生姓名。

案例 2.5　反射机制的应用

学习目标

1．掌握 Java 的反射机制。
2．掌握获取 Class 类对象的 3 种方法。
3．掌握反射机制在工厂模式中的简单应用。
4．能够用 Java 语言实现反射机制的应用。

案例解析

1）一般来说,当我们要使用某个类时,应该先知道这个类,进而通过这个类实例化对象。相对而言,"反"指的是通过对象找到类。

2）Java 提供了 3 种方式来获取 Class 类的对象。

① 通过 Object 类的 getClass( )方法获取。

② 使用"类名.class"获取。

③ 使用 Class 类内部定义的 forName( )静态方法获取。

3）Class 类有很多方法。

① getName( )方法:获得类的完整名字。

② getFields( )方法:获得类的公有类型的属性。

③ getDeclaredFields( )方法:获得类的所有属性,包括私有和继承的。

④ getMethods( )方法:获得类的公有类型的方法。

⑤ getDeclaredMethods( )方法:获得类的所有方法,包括私有和继承的。

⑥ getMethod(String name, Class[ ] parameterTypes)方法:获得类的特定方法,name 参数指定方法的名字,parameterTypes 参数指定方法的参数类型。

⑦ getConstructors( )方法:获得类的公有类型的构造方法。

⑧ getConstructor(Class[ ] parameterTypes)方法:获得类的特定构造方法,parameter

Types 参数指定构造方法的参数类型。

⑨ newInstance( )方法：通过类的不带参数的构造方法创建这个类的一个对象。

4）之前调用类中方法时使用的都是"对象.方法"，在反射机制中，可以直接利用 invoke( )方法，使用 Object 类调用指定子类的操作方法。

相关知识

1）Java 反射，就是在程序运行状态中，对于任意一个类，都能获得这个类的所有属性和方法；对于任意一个对象，都可以调用它的任意方法和属性，并且能改变它的属性值。

2）使用反射机制，代码可以在运行时完成装配，无须在组件间进行源代码链接，从而降低代码的耦合度。很多框架的底层都应用了反射机制，如 Spring 的动态代理的实现等。

3）一个类在 JVM 中只有一个 Class 实例。

4）getClass( )方法是 Object 类中定义的方法。

5）Java 的反射机制在日常的业务开发过程中很少使用，但是在一些基础框架的搭建上应用非常广泛。

代码实现

1）创建人类，设置私有/公有属性、私有/公有方法，方便后续实验操作。

```java
public class Person {
    private String name;
    private String gender;
    private int age;
    public int nickname; // 公有属性
    // 私有方法
    private void say() {
        System.out.println("111-私有方法...");
    }

    // 公有方法
    public void work() {
        System.out.println("222-公有方法...");
    }
}
```

2）获取 Class 类的对象的 3 种方式。

```java
// 1.通过对象调用 getClass()方法获取
```

```
Person person = new Person();
Class c1 = person.getClass();
System.out.println(c1);
// 2.通过"类名.class"的方式获取
Class c2 = Person.class;
// 3.通过 Class.forName()静态方法来获取
Class c3 = Class.forName("com.etc.reflect.Person");
```

3）通过 Class 类获取成员变量、成员方法、接口、父类、构造方法等。

```
Class cls = Person.class;
// 获取类的完整名字
String className = cls.getName();
System.out.println(className);
// 获取类的公有类型的属性
Field[] fields = cls.getFields();
for (Field field : fields) {
    System.out.println(field.getName());
}
// 获取类的所有属性,包括私有属性
Field[] allFields = cls.getDeclaredFields();
for (Field field : allFields) {
    System.out.println(field.getName());
}
// 获取类的公有类型的方法
Method[] methods = cls.getMethods();
for (Method method : methods) {
    System.out.println(method.getName());
}
// 获取类的所有方法
Method[] allMethods = cls.getDeclaredMethods();
for (Method method : allMethods) {
    System.out.println(method.getName());
}
// 获取指定的属性
Field f1 = cls.getField("nickname");
System.out.println(f1);
// 获取指定的私有属性
Field f2 = cls.getDeclaredField("name");
f2.setAccessible(true);
System.out.println(f2);
```

```
Object obj = cls.newInstance();
Method m = cls.getDeclaredMethod("work");
m.invoke(obj);
// 为 f2 属性赋值
f2.set(obj, "Yakov");
// 使用反射机制可以打破封装性,导致 Java 对象的属性不安全
System.out.println(f2.get(obj));
// 获取构造方法
Constructor[] constructors = cls.getConstructors();
for (Constructor constructor : constructors) {
    System.out.println(constructor.toString());
}
```

4)创建汽车接口,定义汽车驾驶方法和具体的汽车品牌类。创建汽车工厂类,并利用反射机制获取类的实例对象。

```
public class CarFactory {

    public static Car getInstance(String className) {
        if("changcheng".equals(className)){
            return  new ChangCheng();
        }
        if("weipai".equals(className)){
            return  new WeiPai();
        }
        // 以后增加其他系列,需要修改工厂代码
        return null;
    }
}
```

5)创建测试类,调用工厂方法生产汽车。

```
public static void main(String[] args) {
    Car car1 = CarFactory.getInstance("changcheng");
    car1.drive();
    Car car2 = CarFactory.getInstance("weipai");
    car2.drive();
}
```

6)使用反射机制实现汽车工厂类,这样以后扩展其他汽车系列就不需要再修改工厂代码,直接传入完整类名即可获得对象,这也是 Spring bean 的实现雏形。

```
public static Car getInstance(String className) {
```

```
Car car = null;
try{
    // 实例化一个类的对象
    car = (Car) Class.forName(className).newInstance();
} catch(Exception e) {
    e.printStackTrace();
}
return car;
}
```

7）测试类。

```
public static void main(String[] args) {
    // 只要传入字符串参数就可以实例化对象,实现深度解耦
    Car car1 = CarFactory.getInstance("com.etc.reflect.re.ChangCheng");
    car1.drive();
    Car car2 = CarFactory.getInstance("com.etc.reflect.re.WeiPai");
    car2.drive();
}
```

8）获取类的对象，如图 2.5.1 所示。获取成员变量、成员方法、接口、父类、构造方法，如图 2.5.2 所示。测试类如图 2.5.3 所示。

图 2.5.1　获取类的对象

图 2.5.2　获取成员变量、成员方法、接口、父类、构造方法

图 2.5.3　测试类

巩固强化

1）思考并通过代码实践：如果程序没有给出无参构造方法，通过反射获取时会如何处理？

2）编写程序并测试反射机制在实例化对象、调用方法或成员变量时的效率是否有所提升。

单元 3　常用 API

案例 3.1　洗牌发牌流程

学习目标

1．掌握 List 接口的使用方法。
2．掌握 Collection 集合的使用方法。
3．掌握有序集合的创建和使用方法。
4．能够用 Java 语言实现洗牌、发牌流程。

案例解析

1）洗牌、发牌流程一共可以分为准备牌、洗牌、发牌、看牌 4 个过程。

① 准备牌：所有牌设计为一个集合。每张牌由花色和数字两部分组成，用字符串表示，可以使用花色集合与数字集合嵌套迭代拼接字符串完成每张牌的组装。

② 洗牌：洗牌通过 Collections 类的 shuffle( )方法进行随机排序。

③ 发牌：每个玩家和底牌设计为集合，将最后 3 张牌直接存放于底牌集合中，剩余牌通过对 3 取模依次发牌。

④ 看牌：直接打印每个集合进行查看。

2）添加集合元素用 add( )方法添加。遍历数组用 for 循环。

相关知识

1）List 是有序集合接口，常用实现类为 ArrayList，既有数组的有序特点，又是可变长的集合。

2）Collections 类是集合工具类，类中都是集合相关的工具方法，且都是静态方法。

3）有序集合遍历可以使用普通 for 循环、增强 for 循环、迭代器遍历。

代码实现

1）准备牌的相关代码。

① 创建 3 个集合对象，分别存储牌、花色、数字。

```
// 创建牌盒
```

```
List<String> pokerBox = new ArrayList<>();
// 创建花色集合
List<String> colors = new ArrayList<>();
// 创建数字集合
List<String> numbers = new ArrayList<>();
```

② 向花色集合中添加元素。

```
colors.add("♥");
colors.add("♦");
colors.add("♠");
colors.add("♣");
```

③ 向数字集合添加元素，数字 2~10 和 J、Q、K、A。

```
for (int i = 2; i <= 10; i++) {
    numbers.add(i + "");
}
numbers.add("J");
numbers.add("Q");
numbers.add("K");
numbers.add("A");
```

④ 创造牌、拼接牌操作，拿出每一个花色，然后与每一个数字进行结合，存储到牌盒中。

```
for (String color : colors) {
    for (String number : numbers) {
        // 结合花色和数字
        String card = color + number;
        // 存储到牌盒中
        pokerBox.add(card);
    }
}
// 添加大小王
pokerBox.add("小王");
pokerBox.add("大王");
```

2）洗牌，即将牌盒中牌的索引打乱。洗牌使用 Collections 工具类中的 shuffle( )静态方法实现。

```
Collections.shuffle(pokerBox);
```

3）发牌。

① 创建 3 个玩家集合和 1 个底牌集合。

```
List<String> player1Card = new ArrayList<>();
List<String> player2Card = new ArrayList<>();
List<String> player3Card = new ArrayList<>();
List<String> handCard = new ArrayList<>();
```

② 遍历牌盒发牌。

```
for (int i = 0; i < pokerBox.size(); i++) {
    // 获取牌面
    String card = pokerBox.get(i);
    //留出 3 张底牌, 存到底牌集合中
    if (i >= 51) {
        handCard.add(card);
    } else {
        if (i % 3 == 0) {
            player1Card.add(card);
        } else if (i % 3 == 1) {
            player2Card.add(card);
        } else {
            player3Card.add(card);
        }
    }
}
```

4）直接打印集合对象，输出看牌。

```
System.out.println("玩家一的牌为:" + player1Card);
System.out.println("玩家二的牌为:" + player2Card);
System.out.println("玩家三的牌为:" + player3Card);
System.out.println("底牌为:" + handCard);
```

5）洗牌发牌程序执行结果如图 3.1.1 所示。

图 3.1.1　洗牌发牌程序执行结果

巩固强化

1）设计牌类来表示每一张牌，即将本案例中集合中存储字符串的方式改为集合中存储牌类对象的方式。

2）输入一行字符串，要求去除重复字符。

案例 3.2　掷　骰　子

学习目标

1．掌握 Random 类的使用方法。
2．能够用 Java 语言实现掷骰子程序。

案例解析

1）骰子数字为 1～6，摇骰子结果为随机的，我们需要生成两个 1～6 间的随机数，然后将两个数相加得到结果，反馈给玩家。

2）随机数生成可以使用 Random 类，因为要生成两个 1～6 间的随机数，所以可以使用 nextInt( )方法。

相关知识

1）Java 可以使用 Random 类或 Math 类的 random( )方法生成随机数。

2）Random 类，位于 java.util 包下。

① random( )方法：默认使用当前系统时间的毫秒数作为种子数，创建一个新的随机数生成器。

② random(long seed)方法：使用单个 long 种子创建一个新的随机数生成器。如果 seed 值相同，则不管执行多少次，随机生成的数据是相同的。

③ JDK1.8 版本中新增了 Stream 的概念。

3）Random 类的常用方法。

① nextBoolean( )方法：生成一个伪均匀分布的 boolean 值。

② nextBytes(byte[ ])方法：用于生成随机字节并将其放入用户提供的 byte 数组中。

③ nextDouble( )方法：生成一个伪均匀分布在[0.0, 1.0)内的 double 值。

④ nextFloat( )方法：生成一个伪均匀分布在[0.0, 1.0)内的 float 值。

⑤ nextInt( )方法：生成一个伪均匀分布的 int 值。

⑥ nextInt(int bound)方法：生成一个在[0, bound)内的伪均匀分布的 int 值。

⑦ ints( )方法：生成一个有效无限的伪随机 int 值流。

代码实现

1）创建骰子类，具有点数属性和摇出点数的方法。

```
public class Dice {
```

```
    private int num;

    public void roll() {
        Random random = new Random();
        // 取 1~6 的随机整数
        this.num = random.nextInt(6) + 1;
    }

    public int getNum() {
        return this.num;
    }
}
```

2）定义骰子对象，调用摇骰子的方法得到摇骰子的结果，并处理结果。

```
public boolean playDice() {
    // 摇骰子
    dice1.roll();
    dice2.roll();
    System.out.println("两个骰子结果为:");
    System.out.println("\t" + dice1.getNum());
    System.out.println("\t" + dice2.getNum());
    // 两个骰子数之和
    int resule = dice1.getNum() + dice2.getNum();
    if (resule >= 7) {
        return true;
    } else {
        return false;
    }
}
```

3）在主程序中调用玩游戏的方法，返回结果。

```
public static void main(String[] args) {
    DiceGame dieGame = new DiceGame();
    if (dieGame.playDice()) {
        System.out.println("恭喜你,你赢了!");
    } else {
        System.out.println("你输了,再接再厉!");
    }
}
```

4）失败和获胜的程序执行结果分别如图 3.2.1 和图 3.2.2 所示。

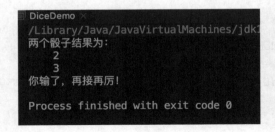

图 3.2.1 失败   图 3.2.2 获胜

 巩固强化

1）添加玩家类，让玩家自己选择"押大押小"，然后摇骰子，两个骰子数之和小于7 为小，否则为大。根据结果给玩家反馈。

2）编写程序，生成 10 个 1～50 不重复的随机数。

案例 3.3 打 印 日 历

学习目标

1．掌握 SimpleDateFormat 类的使用方法。
2．掌握日期、日历类的使用方法。
3．掌握字符串与日期格式的相互转换。
4．能够用 Java 语言实现打印日历。

案例解析

1）接收用户输入指定格式的日期字符串，使用 DateFormat 类及其子类 SimpleDateFormat 的相关方法将其转换成日期格式。

2）创建日历类 Calendar，使用类中的相关常量和方法操作日期日历。

3）按特定格式打印日历，注意换行处理和当前日期处理。

相关知识

1）java.text 包中的 SimpleDateFormat 类，可以对日期时间进行格式化。它是抽象类 DateFormat 类的子类，可以将日期转换为指定格式的文本，也可将文本转换为日期。

① format( )方法：将日期转换为指定格式的文本。

② parse( )方法：将文本转换为日期，可能会出现转换异常。

2）日期、时间格式化中的字母及其含义如表 3.3.1 所示。

表 3.3.1   日期、时间格式化中的字母及其含义

字母	含义
y	年份。一般用 yy 表示两位年份，yyyy 表示 4 位年份
M	月份。一般用 MM 表示月份，如果使用 MMM，则会根据语言环境显示不同语言的月份
d	月份中的天数。一般用 dd 表示天数
D	年份中的天数。表示当天是当年的第几天，用 D 表示
E	星期几。用 E 表示，会根据语言环境的不同，显示不同语言的星期几
H	一天中的小时数（0～23)。一般用 HH 表示小时数
h	一天中的小时数（1～12)。一般使用 hh 表示小时数
m	分钟数。一般使用 mm 表示分钟数
s	秒数。一般使用 ss 表示秒数
S	毫秒数。一般使用 SSS 表示毫秒数

3）Calendar 类是一个抽象类，不能直接创建实例。通常用 Calendar.getInstance( )返回 Calendar 类的子类对象。地球上有很多不同的时区，不同的时区就对应不同的 Calendar 类的子类。

4）Calendar 类提供 get( )/set( )方法，方法接受 Calendar 类的 YEAR、MONTH、DAY_OF_MONTH、HOUR、MINUTE、SECOND 等日历字段。MONTH 默认从 0 开始，通常要加一；DATE 和 DAY_OF_MONTH 是等价的。

代码实现

1）接收用户输入某个日期字符串，并转换为日期格式。

```
System.out.println("请输入日期,格式【YYYY-MM-DD】");
String dateStr = scanner.nextLine();

DateFormat dateFormat = new SimpleDateFormat("yyyy-MM-dd");
Date date = dateFormat.parse(dateStr);
```

2）创建日历类对象并设置日期。

```
//获取和设置日期时间信息
// Calendar calendar = new GregorianCalendar();
Calendar calendar = Calendar.getInstance();
calendar.setTime(date);
```

3）根据日历类的方法和常量，得到当前日期、月份的一些信息。

```
// 获取当前日期为当月的第几天
```

```
// int today = calendar.get(Calendar.DATE);
int today = calendar.get(Calendar.DAY_OF_MONTH);
// 得到当前月的天数
// int actualDays = calendar.getActualMaximum(Calendar.DATE);
int actualDays = calendar.getActualMaximum(Calendar.DAY_OF_MONTH);
// 得到当天是周几
calendar.set(Calendar.DATE, 1);
int firstDayOfweek = calendar.get(Calendar.DAY_OF_WEEK);
```

4）打印当前月的日历。

```
System.out.println("日\t 一\t 二\t 三\t 四\t 五\t 六");
for (int i = 1; i < firstDayOfweek; i++) {
    System.out.print("\t");
}
for (int i = 1; i <= actualDays; i++) {
    if (today == i) {
        // 日期当天,在日期前加"*"标记
        System.out.print("*" + i + "\t");
    } else {
        // 其他日期正常打印即可
        System.out.print(i + "\t");
    }

    if (calendar.get(Calendar.DAY_OF_WEEK) == 7) {
        // 控制换行
        System.out.println();
    }
    calendar.add(Calendar.DATE, 1);
}
```

5）打印日历程序执行结果如图 3.3.1 所示。

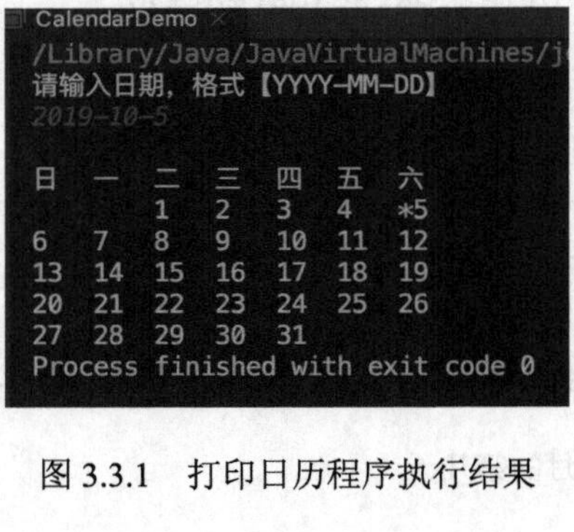

图 3.3.1　打印日历程序执行结果

巩固强化

1）编写 Java 程序，使用 SimpleDateFormat 类格式化当前日期并打印，日期格式为"××××年××月××日星期×××点××分××秒"。

2）计算某一天是一年中的第几星期。

3）计算一年中的第几星期是几号。

4）计算两个任意时间的间隔天数。

案例 3.4　实现反向列表

学习目标

1．掌握迭代器 Iterator 的使用方法。

2．能够用 Java 语言实现反向列表。

案例解析

1）创建 ArrayList 有序集合，向集合中添加元素。

2）实现了 Iterable 接口的类可以通过返回不同的 Iterator 对象，从而实现不同的遍历方式。

3）创建反向列表类，继承 ArrayList 类，使其具有集合特征。重写迭代遍历方法iterator( )，使集合从后向前反向遍历，即将索引从后往前排列。

相关知识

1）Iterator 是迭代器类，而 Iterable 是接口。

2）Iterable 接口是 Java 集合框架的顶级接口，实现此接口使集合对象可以通过迭代器遍历自身元素。

3）在 Java 容器中，所有的 Collection 子类会实现 Iterable 接口以实现遍历功能，Iterable 接口的实现又依赖于实现了 Iterator 的内部类。

4）Iterable 接口通过"boolean hasNext( );"和"E next( );"两个方法定义了对集合迭代访问的方法，具体的实现方式依赖于不同的实现类。例如，我们自己实现的反向列表，就是重写的这两个方法。

代码实现

1）创建反向列表类。

```java
public class ReverseList<T> extends ArrayList<T> {
    public ReverseList(Collection<T> c) {
        super(c);
    }
    public Iterable<T> reversed() {
        return new Iterable<T>() {
            public Iterator<T> iterator() {
                return new Iterator<T>() {
                    private int index = size() - 1;
                    public boolean hasNext() {
                        return index >= 0;
                    }
                    public T next() {
                        return get(index--);
                    }
                };
            }
        };
    }
}
```

2）入口测试类，创建集合并添加元素，调用反向集合方法，反向输出集合。

```java
public static void main(String[] args) {
    List<String> wl = new ArrayList<>();
    System.out.println("正向列表为:");
    for (int i = 0; i < 10; i++) {
        wl.add("obj-" + i);
        System.out.print(wl.get(i) + "\t");
    }
    System.out.println();
    // 创建输出反向列表
    ReverseList<String> rl = new ReverseList<>(wl);
    Iterator<String> iterator = rl.reversed().iterator();
    System.out.println("反向列表为:");
    while (iterator.hasNext()) {
        System.out.print(iterator.next() + "\t");
    }
}
```

3）实现反向列表，程序执行结果如图 3.4.1 所示。

```
ReverseListDemo
/Library/Java/JavaVirtualMachines/jdk1.8.0_181.jdk/Contents/Home/bin/java ...
正向列表为:
obj-0   obj-1   obj-2   obj-3   obj-4   obj-5   obj-6   obj-7   obj-8   obj-9
反向列表为:
obj-9   obj-8   obj-7   obj-6   obj-5   obj-4   obj-3   obj-2   obj-1   obj-0
Process finished with exit code 0
```

图 3.4.1　实现反向列表的程序执行结果

巩固强化

1）学习 LinkedList 类中的 ListItr 和 DescendingIterator 两个内部类，了解它们如何实现双向遍历和逆序遍历。

2）实现一个随机遍历的迭代器。

案例 3.5　特定号码串分析处理

学习目标

1. 掌握字符串相关 API 的使用方法。
2. 能够用 Java 语言实现特定号码串的分析处理。

案例解析

1）统计每个字符串中每个数字出现的频率，用字符串的 charAt( )方法将字符串中的每个字符分别拆开统计。

2）将字符串数组中的某个字符与“*”进行互换，需要将数值转换为字符格式的数字。获取原字符串中的字符，如果字符串中字符为指定字符，则将其换为“*”。

相关知识

1）charAt(int index)方法：从字符串中获取指定索引上的字符。

2）String 类是 final 类，无法被继承，value 也是由 final 修饰的，因此也无法被修改。

3）在线程安全上，StringBuilder 是线程不安全的，而 StringBuffer 是线程安全的。

4）String：适用于少量字符串操作的情况。

5）StringBuilder：适用于单线程下在字符缓冲区进行大量操作的情况。

6）StringBuffer：适用于多线程下在字符缓冲区进行大量操作的情况。

1）统计每个数字出现的频率。

```java
public static int[] countNumsFreq(String[] numbers) {
    int[] numsArray = new int[10];
    for (int i = 0; i < numbers.length; i++) {
        for (int j = 0; j < numbers[i].length(); j++) {
            numsArray[numbers[i].charAt(j) - '0']++;
        }
    }
    return numsArray;
}
```

2）定义打印数组中所有元素的方法。

```java
private static void printArray(int[] numArr) {
    for (int i = 0; i < numArr.length; i++) {
        System.out.printf(i + ":" + numArr[i]);
        if(i < numArr.length-1) System.out.printf(",\t");
    }
    System.out.println();
}
```

3）替换原字符串中高频率出现的数字。

```java
public static String[] replaceNumbers(String[] numbers, int[] numberCounts) {
    String[] results = new String[numbers.length];
    // 得到最大数的索引下标
    int replaceNum = getMaxNumber(numberCounts);
    for (int i = 0; i < numbers.length; i++) {
        // 替换字符串中的元素
        String replaceString = replaceOneString(replaceNum, numbers[i]);
        results[i] = replaceString;
    }
    return results;
}
```

4）得到出现频率最高的数字的下标。

```java
private static int getMaxNumber(int[] numberCounts) {
    int curMaxNumber = -1;
```

```
            int index = -1;
            // 获取 numberCounts 数组中的最大数
            for (int i = 0; i < numberCounts.length; i++) {
                // 记录当前最大数
                if (numberCounts[i] > curMaxNumber) {
                    // 记录最大数的下标
                    curMaxNumber = numberCounts[i];
                    index = i;
                }
            }
            return index;
        }
```

5）将字符串数组中的某个字符与"*"进行互换。

```
    private static String replaceOneString(int replaceNum, String
oldString) {
        StringBuffer strBuf = new StringBuffer();
        // 将数值转换为字符格式的数字
        char replacedChar = (char) (replaceNum + '0');
        for (int i = 0; i < oldString.length(); i++) {
            // 获取 oldString 字符串中的字符
            char ch = oldString.charAt(i);
            // 如果字符串中的字符为指定字符,则将其换为'*'
            if (ch == replacedChar) {
                ch = '*';
            } else if (ch == '*') {
                ch = replacedChar;
            }
            strBuf.append(ch);
        }
        return strBuf.toString();
    }
```

6）打印替换后的字符串内容。

```
    private static void printString(String[] newArr) {
        for (int i = 0; i < newArr.length; i++) {
            System.out.println(newArr[i]);
        }
    }
```

7）在程序入口函数接收原字符串，调用替换方法。

```java
public static void main(String[] args) {
    String[] numbers = { "1317460119253", "42453582876650",
"6452808762433933" };
    System.out.println("原始号码串:");
    // 输出原始数据
    for (int i = 0; i < numbers.length; i++) {
        System.out.println("\t" + numbers[i]);
    }
    // 统计各数字字符串中数字字符出现的频率
    int[] numArr = countNumsFreq(numbers);
    System.out.println("各数字在电话号码中出现的频率:");
    // 打印数字字符出现的频率
    printArray(numArr);

    // 将数字字符串中高频数字与字符'*'互换
    String[] newArr = replaceNumbers(numbers, numArr);
    System.out.println("高频数字与*互换后的电话号码: ");
    printString(newArr);
}
```

8）特定号码串分析处理程序执行结果如图 3.5.1 所示。

图 3.5.1　特定号码串分析处理程序执行结果

巩固强化

1）将数组转换成字符串输出，如有一个 int 数组 arr=[11,22,33]，转换后输出格式为 "{11,22,33}"。

2）编写一个方法，实现将一个数字字符串转换成逗号分隔的金额字符串，即从右边开始每 3 个数字用逗号分隔。同时接收用户输入币种，如人民币添加 "¥"、美元添加 "$"。例如，人民币输出结果如下：

1234567890→¥1,234,567,890

案例 3.6　图书借阅系统

学习目标

1．掌握 Java 异常处理机制和异常类。
2．掌握自定义异常的使用方法。
3．能够用 Java 语言实现图书借阅系统。

案例解析

1）创建图书类型实体类，具有类型编号和类型名称的属性。

2）创建图书实体类，具有图书编号、图书类型、图书名称、借书日期等属性。重写 toString( )方法，输出属性信息。同时判断：如果图书没有借出，则不需要输出借书日期。

3）创建自定义异常类，继承 Java 异常类 Exception，简单重写构造方法。

4）创建图书借阅系统核心类，在类中定义添加图书、查看图书、查看图书类型、判断图书是否存在、根据图书编号获取图书、根据图书类型编号获取图书类型、借阅图书、归还图书的相关方法。

5）创建程序执行入口类，初始化部分图书类型、图书数据。展示系统界面，接收用户输入，根据用户选择执行相关业务流程。

相关知识

1）所有的异常都是从 Throwable 继承而来的，即 Throwable 是所有异常类的共同祖先。Throwable 有两个子类：Error 类和 Exception 类。

2）Java 异常机制主要依赖于 try、catch、finally、throw、throws 这 5 个关键字。

3）异常处理方式：

① 通过 try...catch 语句块来处理。Try 语句块中放置可能引发异常的代码，catch 语句块后面对应异常类型和一个代码块，表示该 catch 语句块用于处理这种异常类型，可以有多个 catch 语句块，异常范围从小到大。

② 在方法中不处理异常，而是将异常直接抛出，并通过在方法签名的尾部使用 throws 关键字将异常传递给上层调用者进行处理。

4）异常对象包含的常用方法如下。

① getMessage( )方法：返回该异常的详细描述字符。

② printStackTrace( )方法：在标准错误输出流中打印出异常的类型、详细信息以及

导致该异常抛出的代码位置。

③ printStackTrace(PrintStream stream)方法：将该异常的跟踪栈信息输出到指定的输出流。

④ getStackTrace( )方法：返回该异常的跟踪栈信息。

5）throw 关键字用于抛出一个实际的异常，其作为单独语句使用时，抛出一个具体的异常对象。

6）不管有没有出现异常或在 try/catch 语句块中有 return 时，finally 块中代码都会执行。

7）finally 在 return 后面的表达式运算后执行，即函数返回值是在 finally 执行前确定的。

8）finally 中最好不要包含 return，否则程序会提前退出，返回值不是 try 或 catch 中保存的返回值。

9）若项目中出现特有的问题，如可能并未被 Java 所描述并封装对象，对于这些问题我们可以按照 Java 对问题封装的思想，进行自定义的异常封装，即自定义异常类。自定义异常通常是自定义类继承 Exception 类或其子类。

代码实现

1）创建图书类型实体类，定义属性和方法。

```java
// 类型编号
private int btid;
// 类型名称
private String btname;
```

2）创建图书实体类，定义属性和方法。

```java
// 图书编号
private int bid;
// 图书类型
private BookType btype;
// 图书名称
private String bname;
// 已借阅天数
private Date borrowedDay;

@Override
public String toString() {
    StringBuffer s1 = new StringBuffer("\t 图书编号:" + bid + ", 图书
类型:" + btype.getBtname() + ", 图书名称:《" + bname + "》");
```

```
        if(borrowedDay != null) {
            DateFormat df = new SimpleDateFormat("yyyy 年 MM 月 dd 日 HH:mm:
ss");
            s1.append(",该图书于【" + df.format(borrowedDay) + "】被借阅。");
        }
        return s1.toString();
    }
```

3）创建自定义异常类。

```
public class BookException extends Exception {
    public BookException(String message) {
        super(message);
    }
}
```

4）创建图书借阅系统核心类，定义系列业务操作方法。

① 定义图书集合、图书类型集合，并在构造方法中初始化。

```
public List<Book> books;
public List<BookType> booktypes;

public BookManageSys(List<Book> books, List<BookType> booktypes) {
    this.books = books;
    this.booktypes = booktypes;
}
```

② 定义遍历查看所有图书类型的方法。

```
public void showAllBooktype() {
    System.out.println("现有图书类型【" + booktypes.size() + "】种,列表
为:");
    for (BookType booktype : booktypes) {
        System.out.println(booktype);
    }
}
```

③ 定义遍历查看所有图书的方法。

```
public void showAllBooks() {
    System.out.println("现有图书【" + books.size() + "】本,列表为:");
    for (Book book : books) {
        System.out.println(book);
    }
}
```

④ 提供方法按编号查找图书，判断图书是否存在。

```
public boolean isExist(int bid) {
    for (Book book : books) {
        if (book.getBid() == bid)
            return true;
    }
    return false;
}
```

⑤ 定义方法，根据图书编号获取图书对象。

```
public Book getBookByBid(int bid) {
    for (Book book : books) {
        if (book.getBid() == bid)
            return book;
    }
    return null;
}
```

⑥ 定义方法，根据图书类型编号获取图书类型。

```
public BookType getBookTypeByBtid(int btid) {
    for (BookType booktype : booktypes) {
        if (booktype.getBtid() == btid)
            return booktype;
    }
    return null;
}
```

⑦ 定义添加图书的方法，直接接收整个图书对象并添加到列表中。判断图书编号是否存在，用 throws 抛出添加图书时可能出现的业务异常。

```
public void addBook(Book book) throws BookException {
    if (isExist(book.getBid())) {
        throw new BookException("该图书已存在");
    } else {
        books.add(book);
        System.out.println("添加图书《" + book.getBname() + "》成功。");
    }
}
```

⑧ 用户可以按图书编号借书，先判断图书是否存在。后期还可以改进判断图书是否已经被借阅或库存是否充足。用 throws 抛出借阅图书时可能出现的业务异常。

```
public void borrowBookById(int bid) throws BookException {
    if (!isExist(bid)) {
        throw new BookException("图书不存在");
    } else {
        for (Book book : books) {
            if (book.getBid() == bid) {
                book.setBorrowedDay(new Date());
                System.out.println("成功借阅图书《" + book.getBname() + "》");
                DateFormat df = new SimpleDateFormat("yyyy 年 MM 月 dd 日 HH:mm:ss");
                System.out.println("借书时间为;" + df.format(book.getBorrowedDay()));
            }
        }
    }
}
```

⑨ 定义归还图书的方法, 一次归还一本图书, 归还时判断借阅是否超时。使用 **try...catch** 语句处理日期操作中的异常, 同时用 **throws** 抛出归还图书时可能出现的业务异常。

```
public void returnBook(int bid) throws BookException {
    DateFormat df = new SimpleDateFormat("yyyyMMdd");
    Book book = getBookByBid(bid);
    try {
        Date returnDate = df.parse("20190819");
        long duringDay = (returnDate.getTime() - book.getBorrowedDay().getTime()) / (24 * 60 * 60 * 1000);
        if (duringDay > 30) {
            throw new BookException("借书超时,请交罚款。");
        } else {
            book.setBorrowedDay(null);
            System.out.println("成功归还图书《" + book.getBname() + "》");
        }
    } catch (ParseException e) {
        System.out.println("日期转换失败。");
    } catch (NullPointerException e) {
        throw new BookException("您未借阅该图书。");
    }
}
```

⑩ 定义显示系统界面的方法。

```java
public void showUI() {
    System.out.println("************** 欢迎使用图书借阅系统
**************");
    System.out.println("\t1. 添加图书");
    System.out.println("\t2. 查看图书");
    System.out.println("\t3. 会员借书");
    System.out.println("\t4. 归还图书");
    System.out.println("\t0. 退出系统");
    System.out.print("请选择您要执行的操作:");
}
```

5) 创建程序执行入口类。

① 定义图书类型、图书数据。

```java
List<BookType> booktypes = new ArrayList<>();
BookType bt1 = new BookType(1, "技术类");
BookType bt2 = new BookType(2, "生活类");
booktypes.add(bt1);
booktypes.add(bt2);
List<Book> books = new ArrayList<>();
books.add(new Book(1, bt1, "Java 入门教程", null));
books.add(new Book(2, bt1, "C++入门教程", null));
BookManageSys bms = new BookManageSys(books, booktypes);
```

② 新增图书时，录入图书的相关信息，然后调用添加方法处理可能的异常。

```java
System.out.println("请输入新增的图书编号:");
int bid = sc.nextInt();
System.out.println("请输入新增的图书名称:");
String bname = sc.next();
System.out.println("请选择新增图书的归档类型:");
bms.showAllBooktype();
int btid = sc.nextInt();
BookType bookType = bms.getBookTypeByBtid(btid);
try {
    bms.addBook(new Book(bid, bookType, bname, null));
} catch (BookException e) {
    System.out.println(e.getMessage());
}
```

③ 借阅或归还图书，都通过输入图书编号进行操作，调用相应方法并处理业务异常。

```
case 3:
    System.out.println("请输入借阅的图书编号:");
    try {
        bms.borrowBookById(sc.nextInt());
    } catch (BookException e) {
        System.out.println(e.getMessage());
    }
    break;
case 4:
    System.out.println("请输入归还的图书编号:");
    try {
        bms.returnBook(sc.nextInt());
    } catch (BookException e) {
        System.out.println(e.getMessage());
    }
    break;
```

6）部分程序执行结果。

① 查看图书，如图 3.6.1 所示。

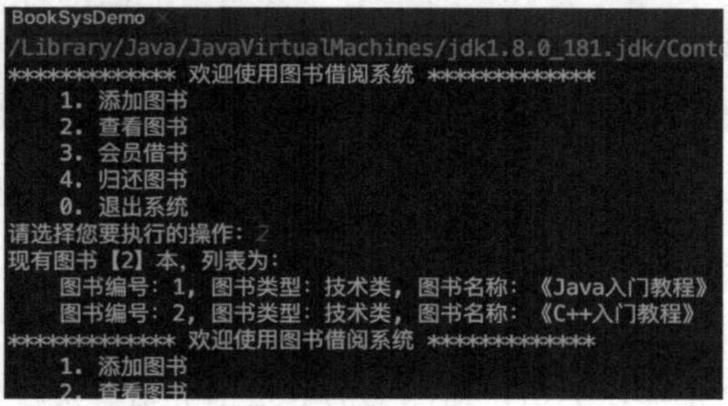

图 3.6.1　查看图书

② 添加图书，图书已存在，如图 3.6.2 所示。

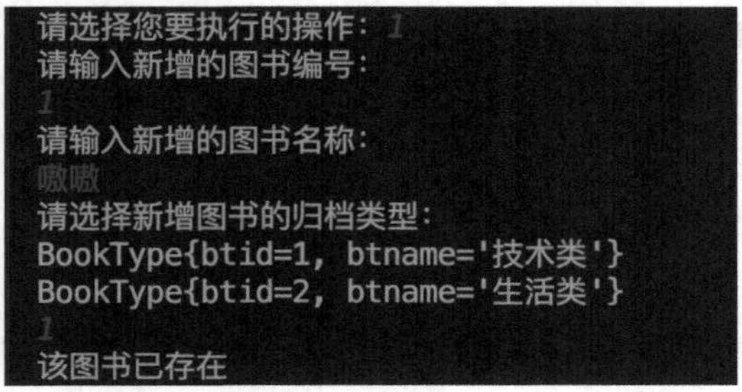

图 3.6.2　添加图书，图书已存在

③ 添加图书，添加成功，如图 3.6.3 所示。

④ 借阅图书，如图 3.6.4 所示。

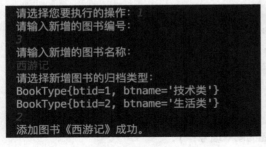

图 3.6.3　添加图书，添加成功　　　　　图 3.6.4　借阅图书

⑤ 归还图书，未借阅，如图 3.6.5 所示。

⑥ 归还图书，借书超时，如图 3.6.6 所示。

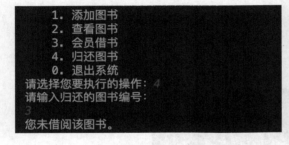

图 3.6.5　归还图书，未借阅　　　　　　图 3.6.6　归还图书，借书超时

巩固强化

改进系统，创建会员类，会员可借图书的数量由会员等级决定。

1）非会员只能在馆内阅读，不能借书。

2）普通会员可以借 3 本书。

3）超级会员可以借 10 本书。

4）特级会员不限制借书数量。

5）当会员借书时，根据等级和借书数量给出相应提示。

单元 4 I/O 流

案例 4.1　目录文件遍历

学习目标

1．掌握 File 类的使用方法。
2．能够用 Java 语言实现目录文件遍历。

案例解析

1）给定一个路径后，通过路径创建 File 对象，进而可以使用 File 对象的系列方法进行操作，如判断是否为目录、判断文件或目录是否存在、获取目录下的子目录或文件等。

2）可以使用链表添加、保存目录及子目录，并通过链表的获取、移除和判空等方法来处理子目录的遍历和操作，同时按格式输出对应的目录和文件。

3）采用递归的方式则更简单，直接定义遍历输出目录下所有文件的方法。如果目录下还有子目录，则继续递归调用本身的方法，递归的出口为目录下没有子目录。

相关知识

1）File 类主要用于文件或目录的管理，如创建新目录、创建新文件、删除文件、获取文件的路径等。

2）相对路径和绝对路径。

① 相对路径：相对于某个基准目录的路径。

② 绝对路径：文件或目录在硬盘上真正的路径。

3）File 类常用构造方法。

① File file = new File(String pathName)。

② File file = new File(String parent, String child)。

4）File 类常用方法。

① public boolean exists( )方法：判断文件或目录是否存在。

② public boolean isFile( )方法：判断是否是文件。

③ public boolean isDirectory( )方法：判断是否是目录。

④ public String getName( )方法：返回文件名或目录名。

⑤ public String getPath( )方法：返回文件或目录的路径。

⑥ public long length( )方法：获取文件的长度。

⑦ public String[ ] list( )方法：将目录中所有文件名保存在字符串数组中并返回。

⑧ public boolean renameTo(File newFile)方法：重命名文件。

⑨ public void delete( )方法：删除文件。

⑩ public boolean mkdir( )方法：创建目录。

⑪ public boolean createNewFile( )方法：创建文件对象指定的文件。

代码实现

1）采用链式列表的方式存储目录。

① 给定需要遍历的路径，创建 File 对象。

```
String dirPath = "/usr/local/apache-tomcat-7.0.94";
File file = new File(dirPath);
```

② 输出目录及文件，如果是目录，则添加到链式列表中。

```
public static void printFile(File file, LinkedList<File> list) {
    File[] files = file.listFiles();
    for (File file2 : files) {
        if (file2.isDirectory()) {
            System.out.println("文件夹:" + file2.getAbsolutePath());
            list.add(file2);
            dirNum++;
        } else {
            System.out.println("文件:" + file2.getAbsolutePath());
            fileNum++;
        }
    }
}
```

③ 判断目录文件是否存在，如果存在，则遍历目录。

```
if (file.exists()) {
    // 定义链表集合,用来保存操作的目录
    LinkedList<File> list = new LinkedList<>();
    printFile(file, list);
    // 循环判断是否为空
    while (!list.isEmpty()) {
```

```
        // 取出集合中的元素进行遍历
        printFile(list.removeFirst(), list);
    }
    System.out.println("文件夹共有:" + dirNum + ",文件共有:" + fileNum);
} else {
    System.out.println("文件或目录不存在!");
}
```

2）采用递归方式实现遍历。

① 创建格式化输出目录和文件名称的方法。

```
public String formatStr(String fname, int level) {
    // 输出的前缀
    String printStr = "";
    // 按层次进行缩进
    for (int i = 0; i < level; i ++) {
        printStr = printStr + "   ";
    }
    printStr = printStr + "- " + fname;
    return printStr;
}
```

② 按目录分隔符，分隔输出初始给定的目录。

```
public void printDir(String dirPath){
    // 将给定的目录进行分隔 (不同操作系统处理方式略有差异)
    String[] dirNameList = dirPath.split("/");
    // 设定文件 level 的 base
    fileLevel = dirNameList.length;
    // 按格式输出
    for (int i = 0; i < dirNameList.length; i ++) {
        System.out.println(formatStr(dirNameList[i], i));
    }
}
```

③ 递归遍历的方法。

```
public void readFile(String dirPath) throws Exception {
    // 创建当前目录的 File 对象
    File file = new File(dirPath);
    if (file.exists()) {
        // 获取目录中所有文件的 File 对象数组
```

```
        File[] list = file.listFiles();
        // 遍历 File 数组
        for (int i = 0; i < list.length; i++) {
            if (list[i].isDirectory()) {
                System.out.println(formatStr(list[i].getName(),
fileLevel));
                fileLevel++;
                // 递归子目录
                readFile(list[i].getPath());
                fileLevel--;
            } else {
                System.out.println(formatStr(list[i].getName(),
fileLevel));
            }
        }
    } else {
        throw new Exception("文件或目录不存在!");
    }
}
```

④ 实现程序入口函数。

```
public static void main(String[] args) {
    Demo2 demo = new Demo2();
    // 要操作的目录
    String dirPath = "/usr/local/apache-tomcat-7.0.94";
    // 输出初始给定的目录
    demo.printDir(dirPath);
    try {
        // 递归输出给定目录及其子目录中的文件
        demo.readFile(dirPath);
    } catch (Exception e) {
        System.out.println(e.getMessage());
    }
}
```

3）部分程序执行结果。

① 使用链式列表方式遍历，结果如图 4.1.1 所示。

图 4.1.1　链式列表方式遍历结果

② 使用递归方式遍历，结果如图 4.1.2 所示。

图 4.1.2　递归方式遍历结果

 巩固强化

1）编写程序获取指定文件的长度、是否可写、最后修改日期及文件路径等属性信息。

2）编写程序检测某文件是否存在，如果不存在则创建，如果存在则删除它再创建。

案例 4.2　读写文本信息

 学习目标

1．掌握 I/O 流分类和使用方法。

2．能够用 Java 语言实现文件信息的读写。

案例解析

1）File 类可以对文件或目录进行操作，但是不能操作具体文件内容，如果需要对文件内容进行读写操作，则需要通过 I/O 流对象来完成。

2）复制文件或目录时，需要封装数据源、目标的 File 对象。判断 File 是文件夹还是文件，特别是目标 File 对象要注意目录是否存在，若不存在则需要创建。如果是文件夹，则获取该 File 对象下的所有文件或者文件夹 File 对象，递归遍历；如果是文件，则采用 I/O 流读写文件。

3）接收用户录入学生信息存储到集合，为避免添加相同数据，可以采用无序列表，考虑到需要对学生按总分排序保存，故使用 TreeSet<Student>来保存，并重写对比排序的方法。

4）对字符串内容排序，没有特定方法可以直接使用，可以用 toCharArray( )方法将字符串转为字符数组，再使用 Arrays.sort( )方法对字符数组进行排序。

相关知识

1）I/O 流是相对内存来讲的：根据处理数据类型不同，可分为字符流和字节流；根据数据流向不同，可分为输入流和输出流。

2）字节流以字节为单位，字符流以字符为单位。字节流能处理所有类型的数据，如图片、音频视频交错格式（audio video interleaved format，AVI）等；而字符流只能处理字符类型的数据。也就是说，若处理纯文本数据，就优先考虑使用字符流，除此之外都使用字节流。

3）InputStream 是一个抽象类，是所有输入字节流的父类；OutputStream 也是一个抽象类，是所有输出字节流的父类。

4）节点流和处理流。

① 节点流：直接与数据相连，进行数据的读写。

② 处理流：允许在数据传输中进行转换，如数据编码、解码、压缩、解压缩等。

5）常用的节点流。

① 文件操作流：对文件进行处理的节点流，包括 FileInputStream、FileOutputStream、FileReader、FileWriter。

② 数组操作流：对数组进行处理的节点流，包括 ByteArrayInputStream、ByteArray-OutputStream、CharArrayReader、CharArrayWriter。

③ 字符串操作流：对字符串处理的节点流，包括 StringReader、StringWriter。

④ 管道操作流：对管道进行处理的节点流，包括 PipedInputStream、PipedOutputStream、PipedReader、PipedWriter。

6）常用的处理流。

① 缓冲流：用于增加缓冲功能，避免频繁读写硬盘，包括 BufferedInputStream、BufferedOutputStream、BufferedReader、BufferedWriter。

② 字节字符转换流：用于实现字节流和字符流之间的转换，包括 InputStreamReader、OutputStreamReader。

③ 数据流：提供对基础数据类型读写的流对象和方法，包括 DataInputStream、DataOutputStream。

代码实现

1）复制指定目录下的文件，进行单级目录操作，即子目录不进行复制。

① 定义文件复制的方法，使用字节流读写文件。

```java
private static void copyFile(File file, File newFile) throws IOException {
    BufferedInputStream in = new BufferedInputStream(new FileInputStream
(file));
    BufferedOutputStream out = new BufferedOutputStream(new FileOutput
Stream(newFile));
    byte bs[] = new byte[1024];
    int len = 0;
    while ((len = in.read(bs)) != -1) {
        out.write(bs, 0, len);
    }
}
```

② 定义数据源文件和目标文件，若拷贝目录不存在则创建目录。

```java
// 数据源
File srcFolder = new File("/Users/yakov/Desktop/a1");
// 目的地
File destFolder = new File("/Users/yakov/Desktop/a2");
if (!destFolder.exists()) {
    destFolder.mkdirs();
}
```

③ 遍历数据源目录下的内容，调用拷贝方法完成内容读写。

```java
File[] files = srcFolder.listFiles();
for (File file : files) {
    // 获取文件的名字
    String name = file.getName();
    File newFile = new File(destFolder, name);
    try {
        copyFile(file, newFile);
        System.out.println("【" + name + "】复制成功。");
    } catch (IOException e) {
        System.out.println("【" + name + "】是文件夹,不可直接复制。");
    }
}
```

2）复制指定目录下的文件和目录，进行多级目录操作，即子目录进行遍历复制。

① 复制文件夹，同时递归遍历复制子目录。

```java
private static void copyFolder(File srcFile, File destFile)
        throws IOException {
            if (srcFile.isDirectory()) {
            // 如果是文件夹
            File newFolder = new File(destFile, srcFile.getName());
            // 在目的地目录下创建该文件夹
            newFolder.mkdir();

                // 获取该 File 对象下的所有文件或者文件夹 File 对象
                File[] fileArray = srcFile.listFiles();
                for (File file : fileArray) {
                    // 递归遍历
                    copyFolder(file, newFolder);
                }
            } else {
                // 如果是文件
                File newFile = new File(destFile, srcFile.getName());
                copyFile(srcFile, newFile);
            }
        }
```

② 复制文件，操作 I/O 流。

```java
    private static void copyFile(File srcFile, File newFile) throws
IOException {
        BufferedInputStream bis = new BufferedInputStream(new FileInputStream
(srcFile));
        BufferedOutputStream bos = new BufferedOutputStream(new FileOutputStream
(newFile));

        byte[] bys = new byte[1024];
        int len = 0;
        while ((len = bis.read(bys)) != -1) {
            bos.write(bys, 0, len);
        }

        bos.close();
        bis.close();
    }
```

③ 创建数据源和目标目录的 File 对象，调用拷贝方法完成复制。

```
File srcFolder = new File("/Users/yakov/Desktop/a1");
File destFolder = new File("/Users/yakov/Desktop/a2");
if (!destFolder.exists()) {
    destFolder.mkdirs();
}
try {
    copyFolder(srcFolder, destFolder);
    System.out.println("复制成功。");
} catch (IOException e) {
    System.out.println("复制失败。");
    System.out.println(e.getMessage());
}
```

3）读取 a.txt 中的字符串，排序后将新的内容写入 b.txt。

① 创建字符输入流对象，用于读取文件。

```
BufferedReader br = new BufferedReader(new FileReader(srcFile));
String line = br.readLine();
```

② 排序字符串。

```
char[] chs = line.toCharArray(); // 把字符串转换为字符数组
Arrays.sort(chs);                //  对字符数组进行排序
String str = new String(chs);    //  把排序后的字符数组转换为字符串
```

③ 把字符串写入 b.txt。

```
BufferedWriter bw = new BufferedWriter(new FileWriter(destFile));
bw.write(str);
bw.newLine();
bw.flush();
```

4）输入 5 组学生信息（姓名，语文成绩，数学成绩，英语成绩），按照总分从高到低保存到文本文件。

① 创建学生实体，定义属性和方法。

```
private String name;        // 姓名
private int chineseScore;   // 语文成绩
private int mathScore;      // 数学成绩
private int englishScore;   // 英语成绩
public int getScoreSum() {
```

```
    return this.chineseScore + this.mathScore + this.englishScore;
    }
```

② 定义 TreeSet 保存学生信息，避免重复添加和排序。实例化 TreeSet 可以实现 Comparator 接口，重写 compare( )比较方法。

```
TreeSet<Student> ts = new TreeSet<>(new Comparator<Student>() {
    @Override
    public int compare(Student s1, Student s2) {
        int num1 = s2.getScoreSum() - s1.getScoreSum();
        int num2 = num1 == 0 ? s1.getChineseScore() - s2.getChineseScore() :
num1;
        int num3 = num2 == 0 ? s1.getMathScore() - s2.getMathScore() :
num2;
        int num4 = num3 == 0 ? s1.getEnglishScore() - s2.getEnglishScore() :
num3;
        int num5 = num4 == 0 ? s1.getName().compareTo(s2.getName()) : num4;
        return num5;
    }
});
```

③ JDK1.8 版本之后，Java 引入了 Lambda 表达式的功能。

```
TreeSet<Student> ts = new TreeSet<>((s1, s2) -> {
    int num1 = s2.getScoreSum() - s1.getScoreSum();
    int num2 = num1 == 0 ? s1.getChineseScore() - s2.getChineseScore() :
num1;
    int num3 = num2 == 0 ? s1.getMathScore() - s2.getMathScore() : num2;
    int num4 = num3 == 0 ? s1.getEnglishScore() - s2.getEnglishScore() :
num3;
    int num5 = num4 == 0 ? s1.getName().compareTo(s2.getName()) : num4;
    return num5;
});
```

④ 输入学生信息，并将其存储到集合。

```
for (int n = 1; n <= 5; n++) {
    Scanner sc = new Scanner(System.in);
    System.out.println("请录入第【" + n + "】个的学习信息");
    System.out.print("\t 姓名:");
    String name = sc.nextLine();
    System.out.print("\t 语文成绩:");
    int chineseScore = sc.nextInt();
```

```
        System.out.print("\t 数学成绩:");
        int mathScore = sc.nextInt();
        System.out.print("\t 英语成绩:");
        int englishScore = sc.nextInt();
        // 创建学生对象
        Student s = new Student();
        s.setName(name);
        s.setChineseScore(chineseScore);
        s.setMathScore(mathScore);
        s.setEnglishScore(englishScore);
        // 把学生信息添加到集合
        ts.add(s);
    }
```

⑤ 遍历集合，把数据写入文本文件。

```
BufferedWriter bw = null;
try {
    bw = new BufferedWriter(new FileWriter("students.txt"));
    bw.write("学生信息如下:");
    bw.newLine();
    bw.flush();
    bw.write("姓名\t 语文成绩\t 数学成绩\t 英语成绩\t 总成绩");
    bw.newLine();
    bw.flush();
    for (Student s : ts) {
        StringBuilder sb = new StringBuilder();
        sb.append(s.getName()).append("\t\t").append(s.getChineseScore())
                .append("\t\t").append(s.getMathScore()).append("\t\t")
                .append(s.getEnglishScore()).append("\t\t")
                .append(s.getScoreSum());
        bw.write(sb.toString());
        bw.newLine();
        bw.flush();
    }
    System.out.println("按总分顺序存储学生信息成功。");
} catch (IOException e) {
    e.printStackTrace();
} finally {
    // 释放资源
    try {
```

```
                    if(bw != null) bw.close();
            } catch (IOException e) {
                e.printStackTrace();
            }
        }
```

5）部分程序执行结果。

① 单级目录复制程序执行结果如图 4.2.1 所示。

图 4.2.1　单级目录复制程序执行结果

② 读取 a.txt 中的字符串，排序后将新的内容写入 b.txt，程序执行结果如图 4.2.2 所示。

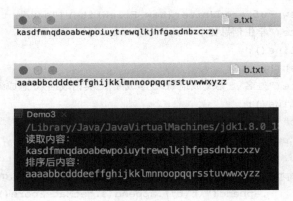

图 4.2.2　字符串读取、写入执行结果

③ 输入 5 组学生信息（姓名，语文成绩，数学成绩，英语成绩），按照总分从高到低保存到文本文件，程序执行结果如图 4.2.3 所示。

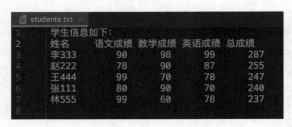

图 4.2.3　录入学生信息程序执行结果

巩固强化

1）编写程序，在桌面上新建一个文件 myFile.txt，向该文件中写入一些基本类型的数据，再从该文件中读取这些数据并显示。

2）计算出每个学生所有学科的平均成绩、所有学生每个学科的平均成绩，将数据保存到桌面上的 stuInfo.txt 文件中。

案例 4.3　使用对象流实现注册与登录

学习目标

1．掌握 Java 对象流的应用。
2．掌握对象的序列化。
3．能够用 Java 语言的对象流实现注册和登录功能。

案例解析

1）创建用户 User 类，具有用户名、密码、注册日期等属性。

2）创建数据仓库类，用集合装载用户数据，定义添加数据、保存数据、读取数据等方法。

3）使用对象流完成对象读写，模拟实现注册、登录功能。注意对象需要序列化。

4）创建用户操作相关的数据接口和实现类，定义注册、登录方法。

相关知识

1）在 Java 程序中，只有类实现了 java.io.Serializable 才能被序列化，Serializable 接口没有任何方法，只作为一个"标记"，用来表明实现了这个接口的类可以考虑串行化。类中的属性也必须实现 Serializable 序列化接口，才可以被序列化。

2）序列化：把 Java 对象转换为字节序列的过程，即将对象存储到磁盘文件中或者传递给其他网络节点（在网络上传输）。

3）反序列化：把字节序列恢复为 Java 对象的过程。

4）对象的序列化和反序列化通过 ObjectOutputStream、ObjectInputStream 实现。

5）transient 修饰的属性不会被序列化。属性前添加 transient 修饰符，表示不参与序列化，序列化过程中该变量不会被写入，反序列化时则给该变量默认初始值。

6）对象流读到文件末尾后抛出一个 EOFException 异常，表示文件读取结束。可以通过异常处理避免异常结束程序。

7）在序列化对象后，由于项目的升级或修改，可能会对序列化对象进行修改，如增加某个字段等，那么需要在 JavaBean 对象中增加 serialVersionUID 字段，用来固定某个版本，否则在反序列化时会报错。serialVersionUID 的生成方式有以下两种：

① 默认的 1L。

② 当前系统根据当前对象的属性生成唯一的 id。

代码实现

1）创建用户类，定义属性和方法，实现序列化接口。

```
public class User implements Serializable {
    private String uname;
    private String upwd;
    private Date regDate;
    // 省略 getter()/setter()方法
    @Override
    public String toString() {
        DateFormat df = new SimpleDateFormat("yyyy-MM-dd HH:mm:ss");
        return "用户信息:用户名【" + uname + "】，密码【'" + upwd + "】，注
册日期【" + df.format(regDate) + "】";
    }
}
```

2）创建数据仓库类，提供数据到文件的读写方法。

① 在构造方法中初始化文件对象，创建文件。

```
public Database() {
    File file = new File(DATA_PATH);
    if(!file.exists()) {
        try {
            file.createNewFile();
        } catch (IOException e) {
            e.printStackTrace();
        }
    }
}
```

② 通过以下方法将集合对象写入文件。

```
public void saveList(List<User> list) throws IOException {
    FileOutputStream fos = new FileOutputStream(DATA_PATH);
    // 对象输出流
```

```
ObjectOutputStream oos = new ObjectOutputStream(fos);
// 将集合写入文件
oos.writeObject(list);
oos.flush();
oos.close();
}
```

③ 从文件中读取集合数据，处理 EOFException 异常。

```
public List<User> readList() throws IOException, ClassNotFoundException {
    // 对象输入流
    ObjectInputStream ois = null;
    List<User> list = new ArrayList<>();
    try {
        ois = new ObjectInputStream(new FileInputStream(DATA_PATH));
        list = (ArrayList<User>) ois.readObject();
    } catch (EOFException e) {
        System.out.println("读取文件完成。");
    } finally {
        // 关闭对象流
        if (ois != null)
            ois.close();
    }
    return list;
}
```

3）定义用户数据访问层接口。

```
public interface IUserDao {
    public void register(User user) throws Exception;
    public User login(String uname, String upwd) throws Exception;
    public void showAllUsers() throws Exception;
}
```

4）创建用户数据访问层接口的实现类。
① 注册的方法实现。

```
public void register(User user) throws Exception {
    List<User> list = this.database.readList();
    for (User u : list) {
        if (u.getUname().equals(user.getUname())) {
            throw new Exception("用户名已存在,请重新输入。");
```

```
            }
        }
        list.add(user);
        this.database.saveList(list);
    }
```

② 登录的方法实现。

```
public User login(String uname, String upwd) throws Exception {
    List list = this.database.readList();
    for (User user : list) {
        if(user.getUname().equals(uname) && user.getUpwd().equals
(upwd)) {
            return user;
        }
    }
    return null;
}
```

③ 查看所有用户信息的方法实现。

```
public void showAllUsers() throws Exception {
    List<User> list = this.database.readList();
    if(list==null || list.size()<=0) {
        System.out.println("暂无用户,请先注册。");
        return;
    }
    for (User user : list) {
        System.out.println(user);
    }
}
```

5）程序测试入口类。

① 定义属性和系统提示。

```
Database database = new Database();
IUserDao userDao = new UserDao(database);
System.out.println("欢迎您,请选择要执行的操作:");
System.out.println("\t1. 用户注册");
System.out.println("\t2. 登录系统");
System.out.println("\t3. 查看所有用户");
Scanner scanner = new Scanner(System.in);
```

```
String uname = "";
String upwd = "";
```

② 输入用户信息，调用方法进行注册。

```
System.out.print("请输入要注册的用户名:");
uname = scanner.next();
System.out.print("请输入要设置的用户密码:");
upwd = scanner.next();
try {
    userDao.register(new User(uname, upwd, new Date()));
    System.out.println("注册成功!");
} catch (Exception e) {
    System.out.println(e.getMessage());
}
break;
```

③ 输入账号信息，完成登录。

```
System.out.print("请输入要登录的用户名:");
uname = scanner.next();
System.out.print("请输入要登录的用户密码:");
upwd = scanner.next();
try {
    User user = userDao.login(uname, upwd);
    if (user != null) {
        System.out.println("欢迎您,【" + user.getUname() + "】");
    } else {
        System.out.println("用户名或密码错误!");
    }
} catch (Exception e) {
    System.out.println(e.getMessage());
}
break;
```

6）部分程序执行结果。

① 查看用户，暂无已注册用户，如图 4.3.1 所示。

② 用户注册，注册成功，如图 4.3.2 所示。

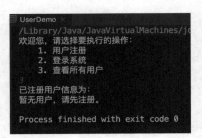

图 4.3.1　暂无已注册用户

图 4.3.2　注册成功

③ 用户注册，重复注册，如图 4.3.3 所示。

④ 用户登录系统，如图 4.3.4 所示。

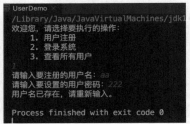

图 4.3.3　重复注册

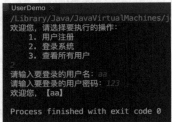

图 4.3.4　用户登录系统

⑤ 查看已注册用户列表，如图 4.3.5 所示。

图 4.3.5　查看已注册用户列表

 巩固强化

1）现在程序每次只能执行一次操作，请修改程序，添加循环控制，使程序可以执行多次操作。

2）设计一副扑克，模拟发牌流程，实现将牌随机等分成 3 份，并剩 3 张牌。将分牌结果保存到文件中，再定义一个方法分别输出这 4 份牌。

案例 4.4　实现对象深浅克隆

学习目标

1．掌握对象的深浅克隆使用方法。
2．能够用 Java 语言实现对象的深浅克隆。

案例解析

1）浅克隆的实现步骤：

① 克隆对象类实现 java.lang.Cloneable 接口。

② 重写 java.lang.Object.clone( )方法。

2）通过实现 Cloneable 接口实现深克隆的步骤：

① 克隆对象类实现 java.lang.Cloneable 接口。

② 重写 java.lang.Object.clone()方法。先调用 super.clone()方法克隆出一个新对象，然后在子类的 clone()方法中手动调用克隆出非基本数据类型（引用类型）。

3）通过序列化实现深克隆的步骤：

① 克隆对象类实现 java.lang.Serializable 接口。

② 将需要克隆的对象进行序列化。可以将序列化后的数据保存到文件中，也可以将其写入字节数组中。

相关知识

1）Cloneable 接口是一个标记接口。要实现对象的克隆，需要实现这个接口，并在类中重写 Object 中的 clone( )方法，然后通过类对象调用 clone( )方法才能克隆成功。如果不实现 Cloneable 接口，系统会抛出 CloneNotSupportedException（克隆不被支持）的异常。

2）浅克隆：直接调用 clone( )方法，先在内存中开辟一块与原始对象一样的空间，然后原样复制原始对象中的内容。对象里面的基本数据类型和 String 类型的数据会直接复制，但引用类型数据，是复制它的引用，即新产生的对象和原始对象中的非基本数据类型的属性都指向的是同一个对象。

3）克隆一个对象并不会调用对象的构造方法。

4）深克隆：除了克隆自身对象，还对其他非基本数据类型的对象都克隆一遍。实现 Serializable 接口，通过对象的序列化和反序列化实现克隆，可以实现真正的深克隆。

5）因为通过序列化实现深克隆的效率较低，所以在选择深克隆方法时，应根据对

Java 面向对象程序设计与应用

象的复杂程度（如引用类型属性是否有多层引用等）来选择使用哪种方法。

6）Java 还支持一些第三方 JAR 包来实现浅克隆。

① Apache BeanUtils、PropertyUtils：采用反射实现。

② Spring BeanUtils：采用反射实现。

③ Cglib BeanCopier：采用动态字节码实现。

代码实现

1. 对象浅克隆

1）创建普通的教师实体类 Teacher。

```java
public class Teacher {
    private String name;
    private String phoneNum;
    private int age;
    ......// 省略 getter()/setter()方法
}
```

2）创建学生类，关联教师类。实现 Cloneable 接口，重写 Object 中的 clone( )方法。

```java
public class Student implements Cloneable {
    private String name;
    private String phoneNum;
    private int age;
    private Teacher teacher;
    ......// 省略 getter()/setter()方法

    @Override
    public Object clone() throws CloneNotSupportedException {
return super.clone();
    }
}
```

3）创建测试方法，在该方法中调用一个克隆方法，并通过输出观察其中的变化。

```java
Student stu2 = (Student) stu1.clone();
```

2. 利用 Cloneable 接口实现深克隆

1）修改教师实体类，同时实现 Cloneable 接口，重写 clone( )方法。

```java
public class Teacher implements Cloneable {
    @Override
```

100

```
public Object clone() throws CloneNotSupportedException {
    return super.clone();
}
}
```

2）修改学生类的 clone( )方法，同时手动克隆教师属性。

```
@Override
public Object clone() throws CloneNotSupportedException {
    // 返回一个浅克隆对象
    Student stu = (Student) super.clone();
    // 克隆对象中的对象
    stu.setTeacher((Teacher) stu.getTeacher().clone());
    return stu;
}
```

3. 利用 Serializable 接口实现深克隆

1）修改教师实体类，实现 Serializable 序列化接口。

```
public class Teacher implements Serializable{
    ……// 省略属性和方法
}
```

2）对学生类实现 Serializable 序列化接口，定义方法通过流对象实现深克隆。

```
public class Student implements Serializable {
    public Object deepCopyObject() throws Exception {
        ByteArrayOutputStream bos = new ByteArrayOutputStream();
        ObjectOutputStream oos = new ObjectOutputStream(bos);
        // 将对象写到流中
        oos.writeObject(this);
        ByteArrayInputStream bis = new ByteArrayInputStream(bos.toByteArray());
        ObjectInputStream ois = new ObjectInputStream(bis);
        // 从流中读取
        return ois.readObject();
    }
}
```

4. 程序执行结果

1）浅克隆实现如图 4.4.1 所示。

```
CloneDemo ×
/Library/Java/JavaVirtualMachines/jdk1.8.0_181.jdk/Contents/Home/bin/java ...
【浅克隆实现】
创建的对象：
Student{name='yakov', phoneNum='10086', age=18, teacher=Student{name='林老师', phoneNum='10000', age=25}}
─────────────────────────────────
克隆后的对象【Stu1】：
Student{name='yakov', phoneNum='10086', age=18, teacher=Student{name='魏老师', phoneNum='10000', age=25}}
克隆后的对象【Stu2】：
Student{name='yakov', phoneNum='10000', age=30, teacher=Student{name='魏老师', phoneNum='10000', age=25}}

Process finished with exit code 0
```

图 4.4.1 浅克隆实现

2）通过 Cloneable 接口实现深克隆，如图 4.4.2 所示。

```
CloneDemo (1) ×
/Library/Java/JavaVirtualMachines/jdk1.8.0_181.jdk/Contents/Home/bin/java ...
【实现Cloneable接口实现深克隆】
创建的对象【Teacher】：
Student{name='王老师', phoneNum='11111', age=45}
创建的对象【Stu1】：
Student{name='yakov', phoneNum='12222', age=22, teacher=Student{name='王老师', phoneNum='11111', age=45}}
──────────拷贝学生对象，修改教师对象值──────────
修改后的对象【Teacher】：
Student{name='黄老师', phoneNum='11111', age=45}
克隆后的对象【Stu1】：
Student{name='yakov', phoneNum='12222', age=22, teacher=Student{name='黄老师', phoneNum='11111', age=45}}
克隆后的对象【Stu2】：
Student{name='yakov', phoneNum='12222', age=22, teacher=Student{name='王老师', phoneNum='11111', age=45}}
──────────修改拷贝后的学生对象中教师对象的值──────────
修改后的对象【Teacher】：
Student{name='黄老师', phoneNum='11111', age=45}
克隆后的对象【Stu1】：
Student{name='yakov', phoneNum='12222', age=22, teacher=Student{name='黄老师', phoneNum='11111', age=45}}
克隆后的对象【Stu2】：
Student{name='yakov', phoneNum='12222', age=22, teacher=Student{name='张老师', phoneNum='22222', age=35}}

Process finished with exit code 0
```

图 4.4.2 通过 Cloneable 接口实现深克隆

3）通过序列化（实现 Serializable 接口）实现深克隆，如图 4.4.3 所示。

```
CloneDemo (2) ×
/Library/Java/JavaVirtualMachines/jdk1.8.0_181.jdk/Contents/Home/bin/java ...
【序列化（实现Serializable接口）实现深克隆】
创建的对象【Teacher】：
Student{name='王老师', phoneNum='111111', age=46}
创建的对象【Stu1】：
Student{name='yakov', phoneNum='122222', age=23, teacher=Student{name='王老师', phoneNum='111111', age=46}}
──────────拷贝学生对象，修改教师对象值──────────
修改后的对象【Teacher】：
Student{name='陈老师', phoneNum='111111', age=46}
序列化克隆后的对象【Stu1】：
Student{name='yakov', phoneNum='122222', age=23, teacher=Student{name='陈老师', phoneNum='111111', age=46}}
序列化克隆后的对象【Stu2】：
Student{name='yakov', phoneNum='122222', age=23, teacher=Student{name='王老师', phoneNum='111111', age=46}}
──────────修改拷贝后的学生对象中教师对象的值──────────
修改后的对象【Teacher】：
Student{name='陈老师', phoneNum='111111', age=46}
序列化克隆后的对象【Stu1】：
Student{name='yakov', phoneNum='122222', age=23, teacher=Student{name='陈老师', phoneNum='111111', age=46}}
序列化克隆后的对象【Stu2】：
Student{name='yakov', phoneNum='122222', age=23, teacher=Student{name='张老师', phoneNum='3333333', age=32}}

Process finished with exit code 0
```

图 4.4.3 通过序列化实现深克隆

巩固强化

思考并用程序设计实现 List、Map 的深克隆。

单元 5 GUI 设计

案例 5.1 简易计算器

 学习目标

1．掌握 Swing 的常用控件的使用方法。
2．掌握事件监听机制的使用方法。
3．能够用 Java 语言实现简易计算器程序。

 案例解析

1）创建计数器界面类，继承 JFrame 类，并实现 ActionListener 接口以处理按钮单击事件。

2）定义界面中的元素：两个要计算的数字输入框及标签、4 个运算符用单选按钮组成，每次只能选择一种运算、显示结果的标签、执行计算的按钮。

3）注册按钮的事件监听器，在单击按钮时获取两个输入框中的值进行计算。计算前需要校验，判断输入的数字是否合法并且除数不能为 0。

4）将计算结果显示在结果标签中，单击计算按钮后更新结果标签。

 相关知识

1）Swing 包含两种元素：组件和容器，组件和容器构成包含层级关系。

① 组件继承于 JComponent 类，JComponent 类继承于 AWT 的 Component 类及其子类 Container。常见的组件有标签 JLabel、按键 JButton、输入框 JTextField、复选框 JCheckBox、列表 JList 等。

② 容器是一种可以包含组件的特殊组件。顶层容器（重量级容器）不能被别的容器包含，只能作为界面的顶层容器来包含其他组件。顶层容器不是继承于 JComponent 类，包括 JFrame、JApplet、JWindow、JDialog 等；中间层容器（轻量级容器）继承于 JComponent 类，包括 JPanel、JScrollPane 等。

2）布局管理器。

① FlowLayout：流式布局管理器，从左到右、居中放置，一行放不下可换至另一

行。默认使用流式布局的有 JPanel、JScrollPane 等。

② BorderLayout：边框布局，分为东、南、西、北、中 5 个方位。默认使用边框布局的有 JWindow、JFrame、JDialog 等。

③ GridLayout：网格布局，以行为基准，所有控件尽量按照给出的行数和列数来排列。

④ GridBagLayout：网格包布局，在网格基础上提供复杂的布局，是最灵活、最复杂的布局管理器。不需要组件的尺寸一致，允许组件扩展到多行多列。

⑤ BoxLayout：盒子布局，将组件由上至下或由左至右依次加入当前面板，可以放置不同大小的组件。

⑥ null：没有使用布局管理器，根据控件的自身信息来为控件指定位置，布局更加灵活。

3）在默认情况下，关闭顶层窗口不会关闭应用程序，只是把窗口隐藏起来。大多数情况下，用户关闭窗口时的习惯是关闭整个应用程序，可以通过调用 setDefaultCloseOperation( )方法来设置。源码中有以下 4 个常量。

① public static final int DO_NOTHING_ON_CLOSE = 0；关闭无反应。

② public static final int HIDE_ON_CLOSE = 1；关闭时只隐藏窗口。

③ public static final int DISPOSE_ON_CLOSE = 2；关闭时销毁窗口。

④ public static final int EXIT_ON_CLOSE = 3；关闭时退出程序。

4）Java 采用委托机制处理事件，事件处理流程如下。

① 明确事件源，即产生事件的组件。

② 为事件源注册事件监听方法。

③ 事件处理，即自定义事件处理类，实现对应的接口，实现接口的抽象方法。

5）有时监听者类无须新建，让程序的现有类实现 ActionListener 接口即可作为监听者类。在本案例中，可以让自定义的 CalFrame 类充当监听者类。

6）常用事件和监听器如表 5.1.1 所示。

表 5.1.1 常用事件和监听器

事件	说明	监听器接口	适配器	处理方法
WindowEvent	操作窗口时发生，如最大化或最小化窗口	WindowListener	WindowAdapter	windowActivated、windowClosed、windowClosing、windowDeactivated、windowDeiconified、windowIconified、windowOpened、
FocusEvent	获得焦点时发生	FocusListener	FocusAdapter	focusGained、focusLost

续表

事件	说明	监听器接口	适配器	处理方法
MouseEvent	操作鼠标时发生	MouseListener	MouseAdpater	mouseClicked、mouseEntered、mouseExited、mousePressed、mouseReleased
MouseMotionEvent	拖动或移动鼠标时发生	MouseMotionListener	MouseMotionAdpater	mouseDragged、mouseMoved
KeyEvent	操作键盘时发生	KeyListener	KeyAdapter	keyPressed、keyReleased、keyTyped
ActionEvent	激活组件时发生，如单击按钮	ActionListener		actionPerformed

 代码实现

1. 计算器界面类

1）创建界面类，定义界面上的控件。

```
public class CalFrame extends JFrame implements ActionListener{
  JLabel label1;
  JLabel label2;
  JLabel label3;
  JTextField textFieldNum1;
  JTextField textFieldNum2;
  JTextField textFieldResult;
  JRadioButton radioBtn1;
  JRadioButton radioBtn2;
  JRadioButton radioBtn3;
  JRadioButton radioBtn4;
  ButtonGroup btnGroup1;
  ButtonGroup btnGroup2;
  JButton calBtn;
}
```

2）初始化界面和控件。

```
private void init() throws Exception{
    getContentPane().setLayout(null);
    // 初始化对象,只列举一部分
    label1 = new JLabel("第一位操作数:");
    calBtn = new JButton("计算");
    // 初始化位置和大小,只列举一部分
```

```
label1.setBounds(new Rectangle(78, 60, 105, 31));
label2.setBounds(new Rectangle(80, 146, 87, 32));
textFieldNum1.setBounds(new Rectangle(185, 59, 152, 28));
textFieldNum2.setBounds(new Rectangle(187, 143, 151, 30));
// 计算按钮添加事件监听
calBtn.addActionListener(this);
// 结果框设置为只读
textFieldResult.setEnabled(false);
calBtn.setBounds(new Rectangle(154, 248, 129, 34));
// 添加控件到内容面板,只列举一部分
this.getContentPane().add(label1);
this.getContentPane().add(label3);
// 默认选择
radioBtn1.setSelected(true);
// 添加按钮到按钮组控件
btnGroup1.add(radioBtn1);
btnGroup1.add(radioBtn2);
btnGroup1.add(radioBtn3);
btnGroup1.add(radioBtn4);
this.setTitle("简易计算器");
this.setSize(450, 350);
this.setDefaultCloseOperation(3);
// 显示窗口
this.setVisible(true);
}
```

3）计算按钮添加监听事件，获取要计算的值。

```
@Override
public void actionPerformed(ActionEvent e) {
    // 获取数据
    String num1 = textFieldNum1.getText();  // 第一位数
    String num2 = textFieldNum2.getText();  // 第二位数
    String op = "";  // 运算符号
    if (radioBtn1.isSelected()) {
        op = radioBtn1.getActionCommand();
    } else if (radioBtn2.isSelected()) {
        op = radioBtn2.getActionCommand();
    } else if (radioBtn3.isSelected()) {
        op = radioBtn3.getActionCommand();
    } else if (radioBtn4.isSelected()) {
```

```
            op = radioBtn4.getActionCommand();
        }
    }
```

4）检查参数格式，判断除数是否为 0，弹窗提示用户。

```
flag = calculate.checkData(num1);
// 第一位数不满足条件
if (!flag) {
    textFieldNum1.setText("");
    textFieldNum1.requestFocus();
    JOptionPane.showMessageDialog(null, "请输入正确数字!", "提示",
JOptionPane.ERROR_MESSAGE);
    return;
}
if (num2.equals("0") && op.equals("/")) {
    JOptionPane.showMessageDialog(null, "除数不能为 0", "提示",
JOptionPane.ERROR_MESSAGE);
    return;
}
```

5）校验通过后，调用计算方法完成计算，显示计算结果。

```
// 将数据转换为 double 类型进行计算
double data1 = Double.parseDouble(num1);
double data2 = Double.parseDouble(num2);
double result = calculate.cal(data1, data2, op);
textFieldResult.setText(String.valueOf(result));
```

2．计算相关工具类

1）执行计算的方法。

```
public double cal(double data1, double data2, String op) {
    double rel = 0;
    switch (op) {
    case "+":
        rel = data1 + data2;
        break;
    case "-":
        rel = data1 - data2;
        break;
    case "*":
```

```
        rel = data1 * data2;
        break;
    case "/":
        rel = data1 / data2;
        break;
    default:
        break;
    }
    return rel;
}
```

2）检查数字格式的方法。

```
public boolean checkData(String s) {
    Double a;
    try {
        a = Double.parseDouble(s);
    } catch (Exception e) {
        // 转换失败,即数字不合法
        return false;
    }
    return true;
}
```

3．部分程序执行结果

1）计算器初始界面如图 5.1.1 所示。

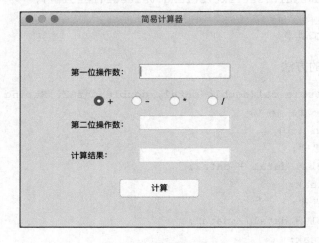

图 5.1.1　计算器初始界面

2）若输入非法数字，则其错误提示界面如图 5.1.2 所示。

3）除法运算时，若输入的除数为 0，则其错误提示界面如图 5.1.3 所示。

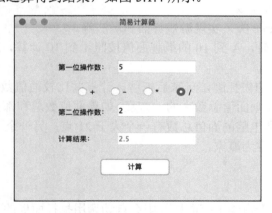

图 5.1.2　错误提示界面　　　　图 5.1.3　除数为 0 时的错误提示界面

4）正确执行除法运算得到结果，如图 5.1.4 所示。

图 5.1.4　正确执行除法运算的结果

巩固强化

1）编程实现温度转换器。输入华氏温度，计算显示摄氏温度。转换公式为：摄氏度=(华氏度−32)×5/9。

2）绘制注册、登录界面。

① 注册界面包含用户名、密码、性别、电话、地址等信息，用户输入信息后，单击【注册】按钮将注册信息写入文件。

② 登录界面包含用户名和密码两个输入框，登录时验证注册文件中保存的账号信息，并提示用户登录成功与否。

案例 5.2　二十一点游戏

学习目标

1．掌握 Swing 控件设置图片的方法。
2．能够用 Java 语言实现二十一点游戏程序。

案例解析

1）纸牌共 52 张，即普通扑克减去大小王两张纸牌，共 4 种花色，每种花色有 13 张牌。游戏中纸牌以图片的形式显示，图片的命名与纸牌的面值和花色进行关联，用 1～4 表示花色、1～13 表示面值。

2）创建纸牌类 Card，包含 type 和 value 属性，分别表示纸牌的花色和面值。定义长度为 52 的 Card 数组，表示一副牌。先按照规律创建一副纸牌，洗牌操作可以通过随机交换任意两张纸牌来完成。

3）创建 GameFrame 类，实现游戏界面和玩法等。

4）计算纸牌面值时，A 到 10 的纸牌面值按照 1 到 10 计算，J、Q、K 的纸牌面值均按照 10 进行计算。

5）游戏玩法：电脑先抓牌，玩家后抓牌。计算并比较面值数：如果玩家和电脑的面值总数都不大于 21，则面值总数大的一方赢；如果面值数总和都大于 21 或都等于 21，则为平局；如果玩家和电脑的面值总数有一个大于 21 点，另一个不大于 21 点，则面值总数不大于 21 点的一方为赢家。

相关知识

1）窗体显示时，若窗体上有面板，则会自动调用执行面板的 paint( )方法。paint( )方法在执行过程中会再次调用 paintComponent( )（绘制面板本身）、paintBorder( )（绘制面板边框）、paintChildren( )（绘制子控件、按钮等）3 个方法，确保子控件在面板的最上面。

2）Swing 控件有直接设置背景颜色的方法，但没有直接设置背景图片的方法，Swing 组件添加背景图片主要有两种情况：

① 在 JPanel 面板中添加图片。通过重载 JPanel 的 paintComponent(Graphics g)方法来实现。由于背景是绘制出来的，因此不会对布局有任何影响。

② 在 JLabel 中添加图片。需要将布局管理器设置为 null，用 JLabel 自带的 setIcon 加载 icon，并设置 JLabel 对象的位置和大小使其完全覆盖窗体。注意，如果有其他控件，要先添加背景 JLabel，再添加其他控件，否则其他控件将被 JLabel 遮挡。另外，

因为控件及窗体的尺寸需要手动控制，所以无法对背景图片进行缩放。

3）Swing 中控件的两种居中显示方法：

① 设置好窗体的宽、高，然后通过 this.setLocationRelativeTo(null) 设置某控件相对其他控件为 null，即不相对其他控件显示，居中显示在屏幕上。

② 通过获取屏幕的大小，计算屏幕大小与控件大小的关系来让控件居中显示。

4）菜单是 GUI 中常用的组件，但菜单不是 Component 类的子类，不能直接放置在普通容器中，而且不受布局管理器的约束。菜单组件由菜单栏（MenuBar）、菜单（Menu）和菜单项（MenuItem）3 部分组成。一个菜单栏由若干个菜单组成，一个菜单又由若干个菜单项组成。菜单栏一般放在 Frame 窗口中，只要调用 Frame 类的 setMenuBar( ) 方法即可完成。

5）JOptionPane 类提示框的常用方法，如表 5.2.1 所示。

表 5.2.1　JOptionPane 类提示框的常用方法

方法	说明
showMessageDialog( )	消息对话框，有 3 种参数设置类型
showConfirmDialog( )	确认对话框，有 4 种参数设置类型
showInputDialog( )	输入对话框，有 6 种参数设置类型
showOptionDialog( )	选择对话框，只有 1 种参数设置类型

6）用户可以通过 ImageIcon 自定义图标，JOptionPane 提供 5 种消息类型，类型不同，图标不同，如表 5.2.2 所示。

表 5.2.2　JOptionPane 提供的消息类型

类型	说明
ERROR_MESSAGE	错误消息图标
INFORMATION_MESSAGE	提示消息图标
WARNING_MESSAGE	警告消息图标
QUESTION_MESSAGE	提问消息图标
PLAIN_MESSAGE	普通消息，不带图标

代码实现

1）创建纸牌类 Card，定义属性和方法。

```java
public class Card {
    // 纸牌面值
    private int value;
    // 纸牌花色
    private int type;
    public Card(int type, int value) {
```

```
        this.value = value;
        this.type = type;
    }
    // 省略 getter()/setter()方法
}
```

2）创建发牌的工具类，定义 52 张纸牌的数组属性和工具方法。

① 初始化一副 52 张纸牌的方法（除大小王之外的纸牌）。

```
public Card[] cards = new Card[52];
public void initCards() {
    for (int i = 1; i <= 4; i++) {
        for (int j = 1; j <= 13; j++) {
            cards[(i - 1) * 13 + j - 1] = new Card(i, j);
        }
    }
}
```

② 随机打乱这 52 张纸牌的方法。

```
public void randomCards() {
    Card temp = null;
    // 随机交换两张纸牌
    for (int i = 0; i < 52; i++) {
        int a = (int) (Math.random() * 52);
        int b = (int) (Math.random() * 52);
        temp = cards[a];
        cards[a] = cards[b];
        cards[b] = temp;
    }
}
```

③ 纸牌以图片的方式显示。

```
public void gameStart(JLabel[] game, Container c) {
    // 在容器中删除标签组件
    if (game[0] != null) {
        for (int i = 0; i < 52; i++) {
            c.remove(game[i]);
        }
    }
    // 在容器中放置 52 个标签组件用于放置图片
    for (int i = 0; i < 52; i++) {
```

```
        game[i] = new JLabel();
        game[i].setBorder(BorderFactory.createEtchedBorder());
        // 设置纸牌的背面图片
        game[i].setIcon(new ImageIcon("images/rear.jpg"));
        game[i].setBounds(new Rectangle(100 + i * 10, 10, 105, 150));
        c.add(game[i]);
    }
    c.repaint();
}
```

3）设置窗体居中的方法。

```
public static void setLocation(JFrame jFrame) {
    // 获得屏幕的宽和高
    Dimension screenSize = Toolkit.getDefaultToolkit().getScreenSize();
    // 获得当前窗体的宽和高
    Dimension frameSize = jFrame.getSize();
    if (frameSize.height > screenSize.height) {
        frameSize.height = screenSize.height;
    }
    if (frameSize.width > screenSize.width) {
        frameSize.width = screenSize.width;
    }
    jFrame.setLocation((screenSize.width - frameSize.width) / 2,
(screenSize.height - frameSize.height) / 2);
}
```

4）创建窗体界面，可以在其中添加相应的控件和设置，以实现关于页面的功能。

```
public class AboutFrame extends JFrame {
    // 界面控件
    JLabel jLabel1;
    JLabel jLabel2;
    JTextArea textArea1;
    JTextArea textArea2;
    public AboutFrame() {
        init();
        this.setVisible(true);
    }
    private void init() {
        // 省略其他内容设置
        // 设置窗体居中
```

Java 面向对象程序设计与应用

```
            FrameUtil.setLocation(this);
        }
    }
```

5）游戏界面。

① 创建界面，定义界面控件等属性。

```java
public class GameFrame extends JFrame implements ActionListener {
    JButton clearBtn;
    JButton computeBtn;
    JButton gameBtn;
    JButton gameResultBtn;
    CardManager cardManager;
    JLabel[] game;
    int i;
    int gameDot;
    int computerDot;
    JLabel jLabel1;
    JLabel jLabel2;
    JMenuBar menuBar;
    JMenu systemMenu;
    JMenu helpMenu;
    JMenuItem systemExit;
    JMenuItem helpAbout;
    // 电脑抓的纸牌
    List computeList;
}
```

② 添加菜单栏。

```java
menuBar = new JMenuBar();
systemMenu = new JMenu("系统");
helpMenu = new JMenu("帮助");
this.setJMenuBar(menuBar);
menuBar.add(systemMenu);
menuBar.add(helpMenu);
systemMenu.add(systemExit);
helpMenu.add(helpAbout);
```

③ 添加【注册】按钮和菜单事件。

```java
clearBtn.addActionListener(this);
```

114

```
computeBtn.addActionListener(this);
gameBtn.addActionListener(this);
gameResultBtn.addActionListener(this);
systemExit.addActionListener(new ActionListener() {
    @Override
    public void actionPerformed(ActionEvent actionEvent) {
        System.exit(0);
    }
});
helpAbout.addActionListener(new ActionListener() {
    @Override
    public void actionPerformed(ActionEvent actionEvent) {
        new AboutFrame();
    }
});
```

④ 添加【洗牌】按钮事件。

```
if (actionEvent.getSource() == clearBtn) {
    // 【开始游戏】按钮可用
    computeBtn.setEnabled(true);
    // 【洗牌】按钮不可用
    clearBtn.setEnabled(false);
    // 记牌器、电脑点数和玩家点数重置为 0
    i = 0;
    gameDot = 0;
    computerDot = 0;
    // 初始化纸牌
    cardManager.initCards();
    // 洗牌显示
    cardManager.gameStart(game, this.getContentPane());
    // 随机打乱纸牌
    cardManager.randomCards();
}
```

⑤ 添加【开始游戏】按钮事件。

```
if (actionEvent.getSource() == computeBtn) {
    // 【开始游戏】按钮不可用
    computeBtn.setEnabled(false);
    // 【玩家抓牌】按钮可用
```

```java
gameBtn.setEnabled(true);
// 初始化电脑抓牌集合
computeList = new ArrayList();
// 电脑抓牌
for (int k = 0; k < 20; k++) {
    game[i].setIcon(new ImageIcon("images/rear.jpg"));
    game[i].setBounds(new Rectangle(50 + i * 20, 200, 105, 150));
    // 纸牌叠放展示,设置顺序索引
    getContentPane().setComponentZOrder(game[i], 1);
    if (cardManager.cards[i].getValue() > 10) {
        computerDot = computerDot + 10;
    } else {
        computerDot = computerDot + cardManager.cards[i].getValue();
    }
    computeList.add(cardManager.cards[i]);
    getContentPane().repaint();
    i = i + 1;
    // 如果面值总数大于16,则停止抓牌
    if (computerDot >= 16) {
        return;
    }
}
```

⑥ 添加【玩家抓牌】按钮事件。

```java
if (actionEvent.getSource() == gameBtn) {
    // 【本轮结束】按钮可用
    gameResultBtn.setEnabled(true);
    // 提示
    if (gameDot >= 10) {
        int a = JOptionPane.showConfirmDialog(null, "现在点数为:" +
gameDot + "是否再抓牌", "提示", JOptionPane.YES_NO_OPTION);
        if (a == JOptionPane.NO_OPTION) {
            gameBtn.setEnabled(false);
            return;
        }
    }
    // 设置标签框里显示抓到的纸牌
    game[i].setIcon(new ImageIcon("images/" + cardManager.cards[i].
```

```
getType() + "-" + cardManager.cards[i].getValue() + ".jpg"));
        game[i].setBounds(new Rectangle(350 + i * 20, 200, 105, 150));
        this.getContentPane().setComponentZOrder(game[i], 1);
        // 计算抓到的纸牌面值
        if (cardManager.cards[i].getValue() > 10) {
            gameDot = gameDot + 10;
        } else {
            gameDot = gameDot + cardManager.cards[i].getValue();
        }
        i = i + 1;
        // 面值大于 21 停止抓牌
        if (gameDot > 21) {
            // 直接触发【本轮结束】按钮
            gameResultBtn.doClick();
            return;
        }
    }
```

⑦ 添加【本轮结束】按钮事件。

```
    if (actionEvent.getSource() == gameResultBtn) {
        // 计算并显示电脑发牌结果
        for (int i = 0; i < computeList.size(); i++) {
            Card card = (Card) computeList.get(i);
            game[i].setIcon(new ImageIcon("images/" + card.getType() +
"-" + card.getValue() + ".jpg"));
            game[i].setBounds(new Rectangle(50 + i * 20, 200, 105, 150));
            this.getContentPane().setComponentZOrder(game[i], 1);
        }
        // 计算胜负
        String gameResult = "";
        if (gameDot > 21 && computerDot <= 21) {
            gameResult = "电脑获胜";
        } else if (gameDot <= 21 && computerDot > 21) {
            gameResult = "玩家获胜";
        } else if (gameDot >= 21 & computerDot >= 21) {
            gameResult = "平局";
        } else if (gameDot > computerDot) {
            gameResult = "玩家获胜";
        } else if (gameDot < computerDot) {
```

```
            gameResult = "电脑获胜";
        } else if (gameDot == computerDot) {
            gameResult = "平局";
        }
        // 以对话框的方式显示胜负
        String message = "游戏结果\n";
        message = message + "电脑点数:" + computerDot + "\n";
        message = message + "玩家点数:" + gameDot + "\n";
        message = message + "游戏结果:" + gameResult;
        JOptionPane.showMessageDialog(null, message, "本轮游戏结果",
JOptionPane.INFORMATION_MESSAGE);
        // 设置命令按钮可操作
        clearBtn.setEnabled(true);
        computeBtn.setEnabled(false);
        gameBtn.setEnabled(false);
        gameResultBtn.setEnabled(false);
    }
}
```

6）部分程序执行结果。

① 程序初始界面如图 5.2.1 所示。

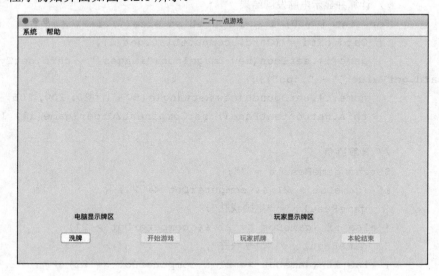

图 5.2.1 程序初始界面

② 洗牌后的界面如图 5.2.2 所示。

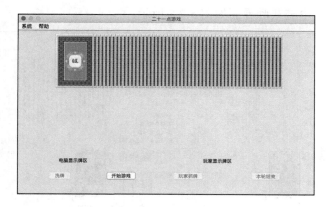

图 5.2.2　洗牌后的界面

③ 开始游戏后，电脑抽牌界面如图 5.2.3 所示。

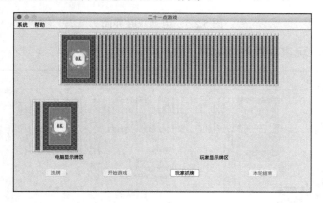

图 5.2.3　电脑抽牌界面

④ 玩家抓牌界面如图 5.2.4 所示。

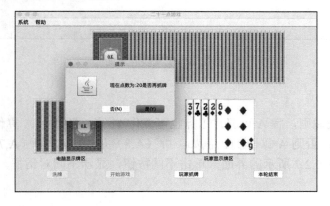

图 5.2.4　玩家抓牌界面

⑤ 处理结果，电脑获胜界面如图 5.2.5 所示。

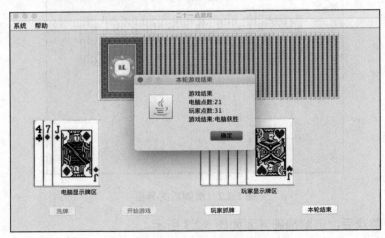

图 5.2.5　电脑获胜界面

⑥ 处理结果，玩家获胜界面如图 5.2.6 所示。

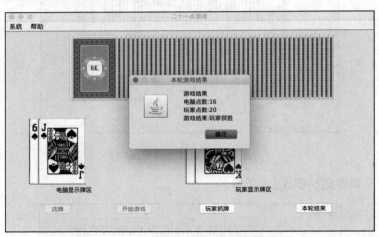

图 5.2.6　玩家获胜界面

巩固强化

1）完善游戏规则，牌 A 可算作 1 点也可算作 11 点，即如果 A 算作 11 时总和大于 21，则 A 算作 1，否则 A 算作 11。例如，牌（A,8）是 19 点、牌（A,7,J）为 18 点。

2）绘制如图 5.2.7 所示的界面，单击不同按钮，显示不同对话框。

图 5.2.7 单击不同按钮，显示不同对话框

案例 5.3 玩 转 数 独

学习目标

1．掌握 Swing 控件中 JDialog 和 JFrame 的使用方法。
2．能够用 Java 语言实现玩转数独程序。

案例解析

1）数独规则：玩家根据 9×9 盘面上的已知数字，推理出所有剩余空格的数字，需要满足每一行、每一列、每一个色块宫（3×3）内的数字均含 1～9，且不重复。

2）本例中，不涉及数独生成。案例采用给定一个数独，然后打乱顺序、去掉部分数字，让玩家填写的方式来实现。

3）游戏设置 3 关，第一关需要填 20 个空，随后每关依次递增 10 个空。3 关全部通过则结束游戏。程序中通过参数设置关卡和填空数量，通过监听文本框输入事件来判断是否全部输入正确。

4）整体界面规则有序，9×9 盘面可以采用网格布局来实现。不同宫格设置不同颜色，方便玩家区分。

5）游戏过程中，可以通过对话框来填写数字，也可以从键盘输入。

相关知识

1）对话框 JDialog 和 JFrame 都继承自 java.awt.Window 类，JDialog 的用法与 JFrame 类似，但 JDialog 对话框不能最小化。

2）对话框分为模态对话框和非模态对话框。

① 模态对话框：弹出对话框后，对话框的父级窗口不可操作。

② 非模态对话框：弹出对话框后，对话框的父级窗口可以正常操作。

3）TextField 对象可以添加 TextListener 监听，实现用 textValueChanged( )方法来监

视文本框内容改变的事件，但是 AWT 组件无法保证程序的跨平台性。

4）在 Swing 程序设计中，JTextField 类中没有 addTextListener( )方法，即无法注册 TextListener 监听。又因为 JTextField 类将对文本的监视任务放入 Document 接口中，所以可以使用 JTextField 对象的 getDocument( )方法获取一个 Document 接口对象，再通过 addDocumentListener( )方法完成监听注册。Document 接口对象包含以下 3 个方法。

① changedUpdate(DocumentEvent e)：监听文本属性的变化。

② insertUpdate(DocumentEvent e)：监听文本内容的插入事件。

③ removeUpdate(DocumentEvent e)：监听文本内容的删除事件。

5）Arrays 类中包含很多数组的常用操作，如快速输出、排序、查找等。

代码实现

1. 创建数独数据处理的核心控制类

1）定义一个数独数组。

```
int[][] cells = new int[][][]{
    {1, 2, 3, 4, 5, 6, 7, 8, 9}, {4, 5, 6, 7, 8, 9, 1, 2, 3}, {7,
8, 9, 1, 2, 3, 4, 5, 6},{2, 3, 1, 5, 6, 4, 8, 9, 7}, {5, 6, 4, 8, 9, 7, 2,
3, 1}, {8, 9, 7, 2, 3, 1, 5, 6, 4},{3, 1, 2, 6, 4, 5, 9, 7, 8}, {6, 4, 5, 9,
7, 8, 3, 1, 2}, {9, 7, 8, 3, 1, 2, 6, 4, 5}
    };
```

2）定义行与列数据交换的方法。

```
public static int[][] lineToColumn(int[][] cells) {
    int temp = 0;
    for (int i = 0; i < 9; i++) {
        for (int j = i + 1; j < 9; j++) {
            temp = cells[j][i];
            cells[j][i] = cells[i][j];
            cells[i][j] = temp;
        }
    }
    return cells;
}
```

3）定义行与行数据交换的方法。

```
public static int[][] changeLine(int[][] cells) {
    int temp = 0;
    int n = new Random().nextInt(9);
```

```
int m = ((n + 3) >= 9) ? (n + 3 - 9) : n + 3;
for (int i = 0; i < 9; i++) {
    temp = cells[n][i];
    cells[n][i] = cells[m][i];
    cells[m][i] = temp;
}
return cells;
}
```

2. 创建界面操作类

1）创建界面类，定义界面元素和相关变量。

```java
// 用于输入或显示数独数字的文本框
private TextField[][] sudokuTextField;
private JPanel jPanel;
// 空白格数量
private static int baseNum = 20;
// 每关过后增加的空白格数量
private static int increment = 10;
// 关数
private static int roundNum = 3;
```

2）初始化界面元素，设置布局，获取数独数组。

```java
// 创建 9×9 的 81 个文本框数组
sudokuTextField = new TextField[9][9];
// 创建面板
jPanel = new JPanel();
// 设置网格布局
jPanel.setLayout(new GridLayout(9, 9));
// 获取数独数组
int[][] cells = new SudokuCore().newSudoku();
// 需要设置空白 TextField 的数量
int spaceNum = baseNum;
// 数独数组的答案
int[][] sudokuResult = new int[9][9];
```

3）设置数字 TextField 背景颜色、字体和具体数值。

```java
for (int i = 0; i < 9; i++) {
    for (int j = 0; j < 9; j++) {
        sudokuTextField[i][j] = new TextField();
```

```
                    // 设置 TextField 背景颜色
        if ((i < 3 && j < 3) || (i < 6 && i >= 3 && j >= 3 && j < 6) ||
(i < 9 && i >= 6 && j >= 6 && j < 9)) {
            sudokuTextField[i][j].setBackground(Color.GREEN);
        }
        if ((i < 6 && i >= 3 && j < 3) || (i < 3 && j >= 6 && j < 9) ||
(i < 9 && i >= 6 && j >= 3 && j < 6)) {
            sudokuTextField[i][j].setBackground(Color.YELLOW);
        }

        if ((i < 9 && i >= 6 && j < 3) || (i < 3 && j >= 3 && j < 6) ||
(i < 6 && i >= 3 && j < 9 && j >= 6)) {
            sudokuTextField[i][j].setBackground(Color.CYAN);
        }
        // 设置字体属性
        sudokuTextField[i][j].setFont(new Font("Dialog", Font.CENTER_
BASELINE, 60));
        // 显示数独的数字
        sudokuTextField[i][j].setText(Integer.toString(cells[i][j]));
        // 设置不可编辑
        sudokuTextField[i][j].setEnabled(false);
        jPanel.add(sudokuTextField[i][j]);
        jPanel.setVisible(true);
    }
}
```

4）创建辅助键盘对话框，并添加按钮的单击事件。

```
Dialog jDialog = new JDialog(this);
JPanel keyboardPanel = new JPanel(new GridLayout(3, 3));
jDialog.setLayout(null);
jDialog.setSize(190, 200);
jDialog.setResizable(false);
keyboardPanel.setBounds(0, 0, 190, 120);
// 创建 9 个按钮
for (int j = 1; j <= 9; j++) {
    Button btn = new Button(j + "");
    btn.setForeground(Color.BLACK);
    btn.setFont(new Font("Dialog", Font.CENTER_BASELINE, 30));
    btn.addMouseListener(new MouseAdapter() {
        @Override
```

```
        public void mouseClicked(MouseEvent e) {
            sudokuTextField[num1][num2].setText(btn.getLabel());
            jDialog.setVisible(false);
        }
    });
    keyboardPanel.add(btn);
}
```

5）按照给定的数量将界面中的部分文本框内容清空，方便用户输入，并监听用户输入的事件。

```
for (int i = 0; i < spaceNum; i++) {
    int num1 = new Random().nextInt(9);
    int num2 = new Random().nextInt(9);
    tempArray[i][0] = num1;
    tempArray[i][1] = num2;
    sudokuTextField[num1][num2].setText("");
    sudokuTextField[num1][num2].setEnabled(true);
    // 监听鼠标单击事件,单击空白文本框,可以输入
    sudokuTextField[num1][num2].addMouseListener(new MouseAdapter() {
        public void mouseClicked(MouseEvent mouseevent)
    });
}
```

6）监听文本值变化事件，判断玩家填写结果。

```
sudokuTextField[num1][num2].addTextListener(new TextListener() {
    @Override
    public void textValueChanged(TextEvent e) {
        int count = 0;
        for (int u = 0; u < spaceNum; u++) {
            // 判断是否正确
            if ((sudokuTextField[tempArray[u][0]][tempArray[u][1]].
getText())
                    .equals(Integer.toString(sudokuResult[tempArray[u]
[0]][tempArray[u][1]]))) {
                count++;
            }
        }
        // 全部填写正确
        if (count == spaceNum) {
            if (roundNum > 1) {
```

```
                    int confirmResult = JOptionPane.showConfirmDialog(null,
"恭喜您过关了!是否进入下一关?", "提示", JOptionPane.YES_NO_OPTION);
                    if (confirmResult == JOptionPane.OK_OPTION) {
                        roundNum--;
                        SudokuFrame.this.dispose();
                        jDialog.dispose();
                        baseNum = baseNum + increment;
                        new SudokuFrame();
                    }
                } else {
                JOptionPane.showMessageDialog(null, "恭喜您,成功通关!");
                    System.exit(0);
                }
                jPanel.updateUI();
                System.out.println("***** 全部正确 *****");
            }
        }
    });
```

7)设置界面其他属性。

```
this.add(jPanel);
this.setTitle("数独游戏");
this.setSize(600, 600);
this.setResizable(false);
this.setLocationRelativeTo(null);
this.setDefaultCloseOperation(WindowConstants.EXIT_ON_CLOSE);
```

3. 部分程序执行结果

1)程序初始界面如图 5.3.1 所示。

2)辅助输入数字的弹出对话框如图 5.3.2 所示。

图 5.3.1　程序初始界面   图 5.3.2　辅助输入数字的弹出对话框

3）第一关或第二关全部填写完成并且正确的界面如图 5.3.3 所示。

4）通关界面如图 5.3.4 所示。

图 5.3.3　全部填写完成并且正确的界面　　　　图 5.3.4　通关界面

5）后台输出结果界面如图 5.3.5 所示。

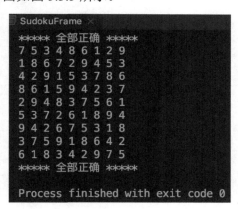

图 5.3.5　后台输出结果界面

巩固强化

1）编写 Java 程序，实现自动生成一个随机数独。

2）在窗口中设计一个文本框和一个文本域，当文本框内容改变时，将文本框中的内容显示在文本域中。当文本框输入超过 50 个字时，弹出提示信息"文本过长"。

3）绘制界面如图 5.3.6 所示，同时当光标在面板上移动时，在控制台输出对应的坐标。

Java 面向对象程序设计与应用

图 5.3.6　绘制界面

单元 6　Java 多线程

案例 6.1　打字母小游戏

学习目标

1．掌握 Java 多线程的创建和启动方法。
2．能够用 Java 语言实现打字母小游戏程序。

案例解析

1）在一个窗口中，产生随机的字母并向下坠落。用户在键盘上按对应字母的按键，如果对了字母就消掉。初始成绩为 500 分，每敲对一个字母加 10 分，如果字母落到屏幕下方或者敲错字母，则都要扣 20 分。

2）每个字母包含字母本身、x 坐标、y 坐标，并且字母的生成按照字符的 ASCII 值进行。

3）创建自定义线程，通过 y 坐标改变，重绘窗口，实现游戏的动态效果。

4）注册键盘监听事件，实现监听接口和方法，监听键盘按键事件。

相关知识

1）Java 常用多线程的实现：

① 继承 Thread 类，重写 run( )方法。Thread 类本身实现了 Runnable 接口，每次创建一个新的线程，都要新建一个 Thread 子类的对象。

② 实现 Runnable 接口，重写 run( )方法。不论创建多少个线程，只需要创建一个 Runnable 接口实现类的对象。适用于多个线程，去处理相同资源的情况。可以避免 Java 单继承特性所带来的局限。

2）在标准 ASCII 中，0～31 为控制字符、32～126 为打印字符、127 为 Delete（删除）命令、后 128 个为扩展 ASCII 值。常用的有：大写字母 A～Z 对应 65～90、小写字母 a～z 对应 97～122，数字 0～9 对应 48～57。

3）Thread 的常用方法如下。

① start( )方法：启动线程并执行相应的 run( )方法。

② run( )方法：子线程要执行的代码放入 run( )方法。

③ currentThread( )方法：静态方法，调取当前的线程。

④ getName( )方法：获取线程名。

⑤ setName(String name)方法：设置线程名。

⑥ getPriority( )方法：获取线程优先值。

⑦ setPriority(int newPriority)方法：设置线程的优先级。

⑧ yield( )方法：静态方法，让当前正在运行的线程回到可运行状态，释放当前占用的资源，以便其他具有相同优先级的线程获得运行的机会。

⑨ join( )方法：在 A 线程中调用 B 线程的 join( )方法，表示当执行到此方法时，A 线程停止执行，直至 B 线程执行完毕，A 线程再接着 join( )方法之后的代码执行。

⑩ isAlive( )方法：判断当前线程是否还存活。

⑪ sleep(long ms)方法：静态方法，让当前线程睡眠×毫秒（ms）。

代码实现

1. 创建游戏窗口面板

1）创建游戏面板类，继承 JPanel 类，实现 Runnable、KeyListener 接口。定义游戏字母等属性。

```java
public class GamePanel extends JPanel implements Runnable, KeyListener {
    private static final int LETTER_NUMBER = 10;
    // 生成字母的 x 坐标
    private int x[] = new int[LETTER_NUMBER];
    // 生成字母的 y 坐标
    private int y[] = new int[LETTER_NUMBER];
    // 生成的字母
    private char[] letters = new char[LETTER_NUMBER];
    // 成绩,设置初始值
    private int score = 500;
```

2）在构造方法中，初始化随机字母及其坐标。

```java
public GamePanel() {
    for (int i = 0; i < LETTER_NUMBER; i++) {
        x[i] = (int) (Math.random() * 300) + 10;
        y[i] = (int) (Math.random() * 200) + 30;
        letters[i] = (char) (Math.random() * 26 + 97);}
}
```

3）重写 paint( )方法，将字母和分数信息绘制到面板上。

```java
public void paint(Graphics g) {
    g.setColor(Color.BLUE);
    g.setFont(new Font("Tahoma", Font.BOLD, 14));
```

```
    for (int i = 0; i < LETTER_NUMBER; i++) {
        // 将字母绘制在坐标位置
        g.drawString(new Character(letters[i]).toString(), x[i], y[i]);
    }
    g.setColor(Color.RED);
    g.setFont(new Font("Tahoma", Font.BOLD, 14));
    g.drawString("分数:" + score, 5, 15);
}
```

4）实现自定义线程方法。

```
@Override
public void run() {
    while (true) {
        for (int i = 0; i < LETTER_NUMBER; i++) {
            y[i] += 2;
            // 字母落到屏幕下方或分数还没减为 0
            if (y[i] > 400 && score > 0) {
                y[i] = 0;
                x[i] = (int) (Math.random() * 300) + 10;
                letters[i] = (char) (Math.random() * 26 + 97);
                // 字母落到屏幕下方,扣分
                score -= 30;
            } else if(score <= 0) {
                score = 0;
                JOptionPane.showMessageDialog(null, "游戏结束...");
                return;
            }
        }
        try {
            // 线程休眠 30 毫秒
            Thread.sleep(50);
        } catch (Exception e) {
            System.out.println(e.getMessage());
        }
        // 重绘
        repaint();
    }
}
```

5）实现键盘按键事件。

```java
public void keyPressed(KeyEvent keyEvent) {
    if(score <= 0) {
        score = 0;
        JOptionPane.showMessageDialog(null, "游戏结束...");
    } else {
        char inputKey = keyEvent.getKeyChar();
        int curYval = -1;
        int curIndex = -1;
        for (int i = 0; i < LETTER_NUMBER; i++) {
            if (inputKey == letters[i]) {
                if (y[i] > curYval) {
                    curYval = y[i];
                    curIndex = i;
                }
            }
        }
        if (curIndex != -1) {
            y[curIndex] = 0;
            x[curIndex] = (int) (Math.random() * 300) + 10;
            letters[curIndex] = (char) (Math.random() * 26 + 97);
            score += 10;
        } else {
            // 按错键,扣分
            score -= 20;
        }
    }
}
```

2. 创建游戏启动程序

1）创建窗口对象，设置属性、添加元素、注册监听事件。

```java
JFrame jFrame = new JFrame();
jFrame.setSize(320, 420);
jFrame.setLocationRelativeTo(null);
jFrame.setDefaultCloseOperation(3);
GamePanel gamePanel = new GamePanel();
jFrame.add(gamePanel);
// 添加键盘监听事件
jFrame.addKeyListener(gamePanel);
// 显示界面
jFrame.setVisible(true);
```

2）创建并启动线程。

```
Thread thread = new Thread(gamePanel);
thread.start();
```

3．部分程序执行界面

1）开始游戏，初始界面如图 6.1.1 所示。
2）分数扣完，游戏结束界面如图 6.1.2 所示。

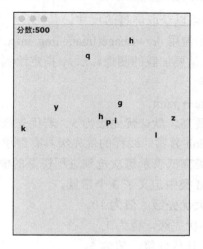

图 6.1.1　初始界面　　　　　　　　　　图 6.1.2　游戏结束界面

巩固强化

1）在游戏结束时，弹出确认对话框，让玩家选择是否重新开始游戏，如果玩家单击"是"按钮，则开始新的一轮游戏。

2）添加游戏时间倒计时功能，倒计时一分钟。如果用户分数没有扣完，则将用户的游戏分数和排名显示出来并保存到文件中。

案例 6.2　数字字母彩虹雨

学习目标

1．掌握 Canvas 画布的使用方法。
2．能够用 Java 语言实现数字字母彩虹雨程序。

📑 **案例解析**

1）使用 Canvas 作为画布容器来添加显示字符串内容。自定义类继承 Canvas 类，按照绘制需要，重写 paint( )方法和 update( )方法。

2）创建自定义线程，完成画布内容的添加和画布的重绘，形成界面的动态效果。

3）获取屏幕的尺寸来设置界面的大小和画布的大小，以达到更好的展示效果。

📑 **相关知识**

1）Toolkit.getDefaultToolkit( ).getScreenSize( )可以获取屏幕的尺寸。

2）Graphics 有 6 个 drawImage 方法，本案例中调用 drawImage(Image img, int x, int y, ImageObserver observer)方法完成绘图，参数 img 是要加载的图像，x、y 指定绘制图像矩形左上角的位置，observer 是要绘制图像的容器。

3）repaint 绘制方式调用顺序：repaint→update→paint。

4）JDK 线程优先级从 1 到 10，1 最低，10 最高，默认优先级为 5。若优先级超出 1~10 的范围，系统会抛出 IllegalArgumentException 异常。线程的优先级具有继承传递性。子线程的优先级与父线程优先级一致。优先级高低表示每次抢到进程资源的概率，但不是优先级高的就比优先级低的先执行。Thread 类中定义了 3 个常量。

① Thread.MAX_PRIORITY：表示线程的最大优先级，值为 10。

② Thread.MIN_PRIORITY：表示线程的最小优先级，值为 1。

③ Thread.NORM_PRIORITY：表示线程的默认优先级，值为 5。

5）Thread.sleep( )方法是为了暂停当前线程，把 CPU 和内存资源让给其他线程。sleep 是 native 方法，即通过系统调用暂停当前线程，而不是 Java 自己实现。

6）有时会用到 Thread.sleep(0)，它的作用是触发操作系统立刻重新进行一次 CPU 竞争，重新计算优先级。竞争后，可能是当前线程仍然获得 CPU 使用权，也可能是其他线程抢到 CPU 使用权。在大循环中使用 Thread.sleep(0)，可以给其他线程（如 paint 线程）获得 CPU 使用权的机会，从而不会出现界面假死现象。

📑 **代码实现**

1）创建画布类。

① 创建彩虹雨线程任务，继承画布类，实现线程接口，定义相关属性。

```java
public class RainbowCanvas extends Canvas implements Runnable {
    private int width;
    private int height;
    // 缓冲图片
    private Image offScreen;
```

```
    // 随机字符集合
    private char[][] charArr;
    // 列的起始位置
    private int[] pos;
    // 列的渐变颜色
    private Color[] colors = new Color[30];
}
```

② 生成要展示的字符及其位置。

```
Random random = new Random();
charArr = new char[width / 5][height / 5];
for (int i = 0; i < charArr.length; i++) {
    for (int j = 0; j < charArr[i].length; j++) {
        // ASCII 打印字符
        charArr[i][j] = (char) (random.nextInt(93) + 33);
    }
}


// 随机设置列起始位置
pos = new int[charArr.length];
for (int i = 0; i < pos.length; i++) {
    pos[i] = random.nextInt(pos.length);
}
```

③ 设置内容颜色及背景色。

```
// 生成从黑色到绿色的渐变颜色
for (int i = 0; i < colors.length - 1; i++) {
    colors[i] = new Color(0, 255 / colors.length * (i + 1), 0);
}
// 最后一个保持为白色
colors[colors.length - 1] = new Color(255, 255, 255);
// 背景为黑色
this.setBackground(Color.Black);
```

④ 定义绘制内容的方法。

```
// 绘制内容
public void drawRainbow() {
    if (offScreen == null) {
        return;
    }
```

```
        Graphics g = offScreen.getGraphics();
        g.clearRect(0, 0, width, height);
        g.setFont(new Font("Arial", Font.PLAIN, 16));
        // 设置颜色和内容
        for (int i = 0; i < charArr.length; i++) {
            for (int j = 0; j < colors.length; j++) {
                int index = (pos[i] + j) % charArr[i].length;
                g.setColor(colors[j]);
                g.drawChars(charArr[i], index, 1, i * 10, index * 10);
            }
            pos[i] = (pos[i] + 1) % charArr[i].length;
        }
    }
```

⑤ 重写 paint( )方法和 update( )方法。

```
@Override
public void paint(Graphics g) {
    if (offScreen == null) {
        offScreen = createImage(width, height);
    }
    g.drawImage(offScreen, 0, 0, this);
}
@Override
public void update(Graphics g) {
    paint(g);
}
```

⑥ 定义线程任务和线程启动方法。

```
// 启动线程
public void startRain() {
    new Thread(this).start();
}
// 线程任务
public void run() {
    while (true) {
        drawRainbow();
        repaint(); // 重绘
        try {
            // 可改变睡眠时间以调节速度
            Thread.sleep(50);
```

```
        } catch (InterruptedException e) {
            System.out.println(e);
        }
    }
}
```

2）创建游戏界面类。

① 初始化界面相关属性。

```
private RainbowCanvas canvas;
public RainbowDemo() {
    // 获取屏幕尺寸参数
    Dimension screenSize = Toolkit.getDefaultToolkit().getScreenSize();
    canvas = new RainbowCanvas(screenSize.width, screenSize.height);
    this.getContentPane().add(canvas);
    this.setSize(screenSize.width, screenSize.height);
    this.setDefaultCloseOperation(JFrame.EXIT_ON_CLOSE);
    this.setVisible(true);
}
```

② 程序启动入口。

```
public static void main(String[] args) {
    RainbowDemo test = new RainbowDemo();
    // 开始执行线程
    test.canvas.startRain();
}
```

3）数字字母彩虹雨程序运行图如图 6.2.1 所示。

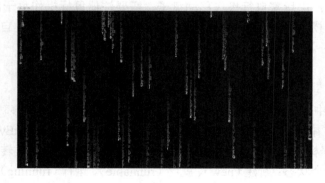

图 6.2.1　数字字母彩虹雨程序运行图

巩固强化

1）尝试用代码将字符串彩虹雨窗口设置为全屏，得到更好的展示效果。

2）创建两个线程，设置线程优先级和名称。获取线程优先级和名称，打印到控制台。

3）创建并启动两个线程，线程 A 打印 1~52 之间的数字，线程 B 打印 a~z 之间的 26 个小写字母，结果输出"12a34b56c78d910e（依次类推）…"的字符串。

4）创建并启动两个线程，线程 A 睡眠 10 毫秒，对变量加 1；线程 B 睡眠 20 毫秒，对变量加 1，持续 100 毫秒，输出两边的变量值。

案例 6.3　汉诺塔实现

学习目标

1．掌握绑定 MouseMotion 监听的方法。
2．掌握线程的不同状态。
3．能够用 Java 语言实现汉诺塔程序。

案例解析

1）汉诺塔包含 3 个塔、5 个盘子、15 个盘子卡位的界面元素。

2）汉诺塔规则：将全部盘子从某个塔移动到另一个塔，每次只能移一个盘子，并且小盘子不能在大盘子上面。

3）程序分为玩家模式和自动演示模式两种方式。

① 玩家模式：由玩家自行操作移动盘子，需要注册鼠标操作盘子的监听事件。

② 自动演示模式：由系统自动完成盘子的移动过程。通过创建自定义线程完成盘子的自动移动任务。在移动过程中，自动判断是否符合规则。

相关知识

1）在父元素中绑定 MouseMotion 监听，但是当鼠标在子元素中移动时父元素无法收到。可以在子元素中绑定 MouseMotion，然后调用 getParent( ).dispatchEvent(e)处理，但此时父元素收到的坐标是不对的，可以在父元素中使用 SwingUtilities 类转换坐标系统。

2）线程有 5 个状态：新建（new）、就绪（runnable）、运行（running）、阻塞（blocked）和死亡（dead）。

① 新建状态：线程创建后的状态。

②　就绪状态：程序执行线程的 start( )方法后，线程不会立刻运行，而是进入就绪状态，等待 CPU 调度、分配资源。

③　运行状态：CPU 开始调度处于就绪状态的线程后，线程则进入运行状态。就绪状态是进入运行状态的唯一入口。

④　阻塞状态：线程由于某些原因放弃 CPU 的使用权，停止执行，则会进入阻塞状态。只有重新进入就绪状态，CPU 才能对其进行重新调度。产生阻塞状态有如下几种可能。

a．等待阻塞：执行了线程中的 wait( )方法，使本地线程进入阻塞状态。

b．同步阻塞：线程获取 synchronized 同步锁失败，进入同步阻塞状态。

c．其他阻塞：调用线程的 sleep( )方法或 join( )方法或发出 I/O 请求，线程进入阻塞状态。当 sleep( )超时、join( )等待线程终止或超时、处理完 I/O 时，线程重新进入就绪状态。

⑤　死亡状态：线程执行完毕或异常退出，则该线程进入死亡状态，结束线程的生命周期。

3）线程的 isAlive( )方法，用于判断当前线程是否处于活动状态。活动状态即线程处于运行、就绪或阻塞的状态。isAlive( )方法在就绪、运行、阻塞状态时返回 true，在新建、死亡状态时返回 false。

代码实现

1．创建盘子类

1）用按钮组件创建盘子，定义序号和标记属性。

```java
public class Disk extends JButton {
    // 盘子序号
    int diskIndex;
    // 上方是否有盘子
    boolean hasDiskAbove = false;
```

2）在构造器中初始化属性和盘子的宽、高。

```java
public Disk(int diskWidth, int diskHeight, int diskIndex, HanoiTower
hannoiTower) {
    // 设置大小
    this.setSize(diskWidth, diskHeight);
    this.diskIndex = diskIndex;
    // 添加鼠标事件
    this.addMouseMotionListener(hannoiTower);
    this.addMouseListener(hannoiTower);
}
```

2. 创建盘子卡位类

1）创建类，定义属性。

```java
public class TowerPoint {
    private int x;
    private int y;
    private boolean hasDisk;
    private Disk disk;
    private HanoiTower hanoiTower;
    public TowerPoint(int x, int y, boolean hasDisk) {
        this.x = x;
        this.y = y;
        this.hasDisk = hasDisk;
    }
}
```

2）定义放置盘子到卡位的方法。

```java
public void putDisk(Disk disk, HanoiTower hanoiTower) {
    this.hanoiTower = hanoiTower;
    this.hanoiTower.setLayout(null);
    this.disk = disk;
    this.hanoiTower.add(disk);
    int w = disk.getBounds().width;
    int h = disk.getBounds().height;
    this.disk.setBounds(x - w / 2, y - h / 2, w, h);
    hasDisk = true;
    // 强制容器重新布局
    this.hanoiTower.validate();
}
```

3. 创建汉诺塔游戏面板类

1）继承 JPanel 面板，实现鼠标事件接口。

```java
public class HanoiTower extends JPanel implements MouseListener,
MouseMotionListener {
    private int x;
    private int y;
    private int startX;
    private int startY;
    private int startI;
```

```
        private int diskNum;
        private int width;
        private int height;
        private boolean move;
        // 汉诺塔塔名
        private char[] towerName;
        // 盘子数
        private Disk[] disks;
        private TowerPoint[] towerPoints;
        private JTextArea msgBar;
```

2）盘子位置的间距值。

```
int space = 20;
for (int i = 0; i < diskNum; i++) {
    towerPoints[i] = new TowerPoint(40 + width, 100 + space, false);
    space = space + height;
}
space = 20; // 重置
for (int i = diskNum; i < 2 * diskNum; i++) {
    towerPoints[i] = new TowerPoint(160 + width, 100 + space, false);
    space = space + height;
}
space = 20; // 重置
for (int i = 2 * diskNum; i < 3 * diskNum; i++) {
    towerPoints[i] = new TowerPoint(280 + width, 100 + space, false);
    space = space + height;
}
```

3）创建并设置盘子宽度，将盘子放到塔上。

```
// 创建并设置盘子宽度
int tempWidth = width;
int sub = (int) (tempWidth * 0.2);
for (int i = diskNum - 1; i >= 0; i--) {
    this.disks[i] = new Disk(tempWidth, height, i, this);
    tempWidth = tempWidth - sub;
}
// 将盘子放到塔上
for (int i = 0; i < diskNum; i++) {
    towerPoints[i].putDisk(this.disks[i], this);
    if (i >= 1) {
        this.disks[i].setHasDiskAbove(true);
```

```
    }
}
```

4）重写鼠标单击、拖动、释放的事件方法，实现玩家行为。

```
public void mousePressed(MouseEvent e) {
}
public void mouseDragged(MouseEvent e) {
}
public void mouseReleased(MouseEvent event) {
}
```

5）实现自动演示，递归调用的方法。

```
public void autoMoveDisk(int diskNum, char one, char two, char three) {
    if (diskNum == 1) {
        moveDisk(one, three);
    } else {
        autoMoveDisk(diskNum - 1, one, three, two);
        moveDisk(one, three);
        autoMoveDisk(diskNum - 1, two, one, three);
    }
}
// 移动盘子
private void moveDisk(char one, char three) {
    this.msgBar.append("" + one + " 到: " + three + "塔\n");
    Disk disk = getTopDisk(one);
    int startI = getTopDiskPos(one);
    int endI = getTopDiskUpperPos(three);
    if (disk != null) {
        towerPoints[endI].putDisk(disk, this);
        towerPoints[startI].setHasDisk(false);
        try {
            Thread.sleep(1000);
        } catch (Exception e) {
            System.out.println(e.getMessage());
        }
    }
}
```

6）定义自动演示的判断方法。

// 获取最上面的盘子

```
    private Disk getTopDisk(char _towerName) {}
    // 获取塔中最上面盘子的上方位置
    private int getTopDiskUpperPos(char _towerName) {}
    // 获取塔中最上面盘子的位置
    private int getTopDiskPos(char _towerName) {}
```

4. 创建游戏界面类

1）创建界面类，继承 **JFrame** 类，实现按钮事件和多线程接口，定义界面元素和游戏对象属性。

```
public class TowerFrame extends JFrame implements ActionListener,
Runnable {
    private JButton reStart;
    private JButton autoBtn;
    private JTextArea msgBar;
    private int diskNum;
    private int diskWidth;
    private int diskHeight;
    private Thread thread;
    private HanoiTower tower;
    private char[] towerName = {'A', 'B', 'C'};
}
```

2）重写按钮事件的方法。

```
public void actionPerformed(ActionEvent e) {
    // 重新开始游戏
    if (e.getSource() == reStart) {
        if (!(thread.isAlive())) {
            this.remove(tower);
            msgBar.setText("实现步骤:\n");
            tower = new HanoiTower(diskNum, diskWidth, diskHeight, towerName,
msgBar);
            this.add(tower, BorderLayout.CENTER);
            this.validate();
        }
    }
    // 自动演示游戏
    if (e.getSource() == autoBtn) {
        if (!(thread.isAlive())) {
            thread = new Thread(this);
```

```
        }
        try {
            thread.start();
        } catch (Exception ex) {
            System.out.println(ex.getMessage());
        }
    }
}
```

3）实现线程任务的方法，完成自动演示动作。

```
public void run() {
    this.remove(tower);
    msgBar.setText("实现步骤:\n");
    tower = new HanoiTower(diskNum, diskWidth, diskHeight, towerName,
msgBar);
    this.add(tower, BorderLayout.CENTER);
    this.validate();
    // 自动移动
    tower.autoMoveDisk(diskNum, towerName[0], towerName[1], towerName
[2]);
}
```

5. 部分程序执行结果

1）程序启动初始界面如图 6.3.1 所示。

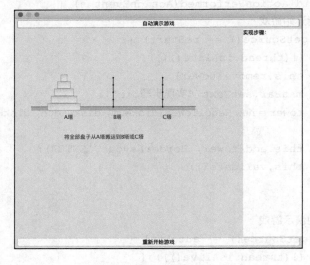

图 6.3.1 程序启动初始界面

2）自动演示界面如图 6.3.2 所示。

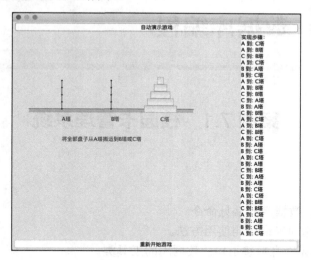

图 6.3.2　自动演示界面

巩固强化

1）将实现步骤的显示框改造为可滚动的。

2）在玩家操作过程中，添加步骤记录并实现评分功能。

单元 7　数据库编程

案例 7.1　校园卡管理系统

学习目标

1. 掌握 JDBC 数据库的常见命令。
2. 掌握数据库的查询语句使用方法。
3. 掌握用 Java 语言封装 JDBC 数据库的工具类。
4. 能够用 Java 语言实现校园卡管理系统。

案例解析

1）系统分为管理员和普通用户两个角色，管理员只有一个，在系统初始化时直接设置，普通用户由管理员添加。

2）管理员的功能菜单：

① 新增校园卡。

② 校园卡充值。

③ 查询学生信息。

④ 修改学生信息。

⑤ 删除学生信息。

⑥ 查看所有学生信息。

⑦ 返回上一级。

⑧ 退出系统。

3）普通用户的功能菜单：

① 余额查询。

② 校园卡充值。

③ 刷卡消费。

④ 本人信息查看。

⑤ 修改密码。

⑥ 返回上一级。

⑦ 退出系统。

4）数据库使用 MySQL，在程序中需要先导入 JAR 包。

5）数据库表 stuCard，用来存储校园卡的信息，包括学号、学生姓名、密码、余额、班级名等信息。

6）封装数据库工具类，辅助完成应用程序与数据库的连接、断开、CRUD 等操作。

相关知识

1）数据库常用命令。

① 创建数据库：create database 数据库名;。

② 删除数据库：drop database 数据库名;。

③ 使用数据库：use 数据库名;。

④ 在数据库中创建表：create table 表名(字段名称 1 字段类型[default 默认值] [约束],…) ;。

⑤ 删除数据库中的表：drop table 表名;。

⑥ 查看表结构：desc 表名;。

⑦ 查看全部数据库：show databases;。

⑧ 查看一个数据库的全部表：show tables;。

2）SQL（structured query language），结构查询语句。

① DML（data manipulation language）：数据操纵语言，对数据库中的数据进行存储、查询和修改。

② DDL（data definition language）：数据定义语言，定义数据的结构，创建、修改、删除数据库对象。

③ DCL（data control language）：数据控制语言，定义数据库用户的权限。

④ TCL（transaction control language）：事务控制语言，提供了一组用于控制数据库事务的命令和操作。

3）JDBC（Java dataBase connectivity）实现步骤：

① 导入 JAR 包，加载驱动，JDBC 是接口，JDBC 驱动是接口的实现，不同数据库的驱动和包不一样。

② 创建连接。

③ 执行 SQL 语句，如果是执行查询（select）语句，则返回并处理结果集；如果是执行更新（insert/update/delete）语句，则返回受影响行数。

④ 关闭数据库对象，为确保资源释放代码能运行，关闭代码通常放在 finally 语句块中。

4）JDBC 涉及的对象：

① 连接对象 Connection。

② 驱动管理器 DriverManager。

③ 语句对象 Statement、预处理语句对象 PreparedStatement。

④ 结果集对象 ResultSet。

5）驱动类使用时应注意：mysql-connector-java 5 包使用【com.mysql.jdbc.Driver】，mysql-connector-java 6 及以上包使用【com.mysql.cj.jdbc.Driver】，同时需要指定时区 serverTimezone 和 SSL 连接使用。如果不需要使用 SSL 连接，可以设置 useSSL=false 来显式禁用 SSL 连接；如果要用 SSL 连接，则要为服务器证书验证提供信任库，并设置 useSSL= true。

6）PreparedStatement：预处理语句对象，使用 "?" 作为参数的占位符，再使用 setXxx( )设置参数来替换 "?"，还可以防止 SQL 注入。在执行添加时，如果添加的数据量较大，可以用 PreparedStatement 接口提供的批量操作的方法。

代码实现

1）创建数据库表，初始添加管理员账户。

```
CREATE TABLE 'stuCard' (
  'stu_id' int primary key auto_increment,
  'stu_name' varchar(30) not null,
  'class_name' varchar(50) DEFAULT NULL,
  'money' double DEFAULT '100',
  'password' varchar(30) DEFAULT '000000'
);
// 插入数据
insert into stuCard(stu_name, password) values('yakov', '138011');
```

2）创建校园卡实体类，对应数据库表。

```
public class Card implements Serializable {
    private String stuId;        // 学号
    private String stuName;      // 姓名
    private String className;    // 班级名称
    private double money;        // 余额
    private String password;     // 密码
    // 省略构造方法和 getter()/setter()方法
```

3）导入 MySQL 的 JAR 包（本案例使用 mysql-connector-java-8.0.12.jar），创建数据库工具类，连接数据库。
① 定义 JDBC 连接数据库的属性。

```
// 静态常量
private static final String URL = "jdbc:mysql://localhost:3306/mydb?serverTimezone=GMT&useSSL=false";
private static final String USER_NAME = "root";
private static final String USER_PWD = "138011";
private static final String CLASS_NAME = "com.mysql.cj.jdbc.Driver";
```

② 获取数据库连接。

```
private static Connection getConnection() {
    Connection conn = null;
    try {
        // 加载驱动
        Class.forName(CLASS_NAME);
        // 获取连接
        conn = DriverManager.getConnection(URL, USER_NAME, USER_PWD);
    } catch (ClassNotFoundException e) {
        e.printStackTrace();
    } catch (SQLException e) {
        e.printStackTrace();
    }
    return conn;
}
```

③ 查询的工具方法。

```
public static ResultSet doQuery(String sql, Object ... args) {
    Connection conn = getConnection();
    // 判断是否连接成功
    if(conn == null) {
        return null;
    }
    PreparedStatement pstmt = null;
    ResultSet rs = null;
    try {
        pstmt = conn.prepareStatement(sql);
        // 如果有传入参数,则解析参数并进行相应设置
        if(args != null && args.length > 0) {
            for(int i=0; i<args.length; i++) {
                pstmt.setObject(i+1, args[i]);
            }
        }
        rs = pstmt.executeQuery();
    } catch (SQLException e) {
        e.printStackTrace();
    }
    return rs;
}
```

④ 更新（新增、修改、删除）的工具方法。

```java
public static int doUpdate(String sql, Object ... args) {
    Connection conn = getConnection();
    int result = -1;
    // 判断是否连接成功
    if(conn == null) {
        return result;
    }
    PreparedStatement pstmt = null;
    try {
        pstmt = conn.prepareStatement(sql);
        // 如果有传入参数,则解析参数并进行相应设置
        if(args != null && args.length > 0) {
            for(int i=0; i<args.length; i++) {
                pstmt.setObject(i+1, args[i]);
            }
        }
        result = pstmt.executeUpdate();
    } catch (SQLException e) {
        e.printStackTrace();
    } finally {
        free(conn, pstmt, null);
    }
    return result;
}
```

⑤ 关闭连接的工具方法。

```java
public static void free(Connection conn, Statement stmt, ResultSet rs) {
    try {
        if(rs != null) {
            rs.close();
        }
        if(stmt != null) {
            stmt.close();
        }
        if(conn != null) {
            conn.close();
        }
    } catch (SQLException e) {
```

```
            e.printStackTrace();
        }
    }
```

4）创建数据访问层 CardDao，定义 CRUD 的方法，部分方法列举如下：
① 查询所有数据的方法。

```
public List<Card> selectAll() throws SQLException {
    String sql = "select * from stuCard";
    ResultSet resultSet = JDBCUtil.doQuery(sql);
    List<Card> cardList = new ArrayList<>();
    while (resultSet.next()) {
        Card card = new Card();
        card.setStuId(resultSet.getString("stu_id"));
        card.setStuName(resultSet.getString("stu_name"));
        card.setClassName(resultSet.getString("class_name"));
        card.setMoney(resultSet.getFloat("money"));
        card.setPassword(resultSet.getString("password"));
        cardList.add(card);
    }
    return cardList;
}
```

② 按条件查找，账号密码验证的方法。

```
public Card findByNamePwd(String uname, String upwd) throws SQLException {
    String sql = "select * from stuCard where stu_name=? and password=?";
    ResultSet resultSet = JDBCUtil.doQuery(sql, uname, upwd);
    if (resultSet.next()) {
        Card card = new Card();
        card.setStuId(resultSet.getString("stu_id"));
        card.setStuName(resultSet.getString("stu_name"));
        card.setClassName(resultSet.getString("class_name"));
        card.setMoney(resultSet.getFloat("money"));
        card.setPassword(resultSet.getString("password"));
        return card;
    }
    return null;
}
```

③ 新增数据的方法。

```
public void addCard(Card card) {
```

```
        String sql = "insert into stuCard (stu_name,class_name,password)
values (?, ?, ?)";
        JDBCUtil.doUpdate(sql, card.getStuName(), card.getClassName(),
card.getPassword());
    }
```

5）创建业务处理层，处理业务功能代码，调用数据访问层，实现数据持久化，部分方法列举如下：

① 创建类，定义并实例化数据访问层对象。

```
public class CardService {
    private static CardDao cardDao = new CardDao();
    // 其他业务代码
}
```

② 定义用户的方法。

```
public Card login(String uname, String upwd) throws SQLException {
    return cardDao.findByNamePwd(uname, upwd);
}
```

③ 新增数据的方法。

```
public void addCard() {
    Scanner scanner = new Scanner(System.in);
    Card card = new Card();
    System.out.print("请输入要新增的姓名:");
    card.setStuName(scanner.next());
    System.out.print("请输入要新增的班级名称:");
    card.setClassName(scanner.next());
    System.out.print("请输入要设置的密码:");
    card.setPassword(scanner.next());
    cardDao.addCard(card);
    System.out.println("添加成功!");
}
```

④ 管理员充值的方法。

```
public void recharge() throws SQLException {
    Scanner scanner = new Scanner(System.in);
    System.out.println("请输入您要充值的账号:");
    String cardId = scanner.next();
    System.out.println("请输入您要充值的金额:");
    double rechargeMoney = scanner.nextDouble();
```

```
    // 当前余额
    double balance = cardDao.selectById(cardId).getMoney();
    cardDao.recharge(cardId, balance+rechargeMoney);
    System.out.println("充值成功!");
}
```

⑤ 用户自己充值的方法。

```
public void recharge(Card card) {
    Scanner scanner = new Scanner(System.in);
    System.out.println("请输入您要充值的金额:");
    double rechargeMoney = scanner.nextDouble();
    cardDao.recharge(card.getStuId(), card.getMoney()+rechargeMoney);
    System.out.println("充值成功!");
}
```

6）创建界面交互代码，调用业务处理层实现功能。

① 定义变量，循环中输出初始菜单。

```
System.out.println("--------------------- 欢 迎 使 用 校 园 卡 管 理 系 统
---------------------");
CardService cardService = new CardService();
SimpleDateFormat sdf = new SimpleDateFormat("yyyy-MM-dd HH:mm:ss");
while (true) {
    System.out.println("请选择要执行的操作:");
    System.out.println("\t1.管理员登录");
    System.out.println("\t2.用户登录");
    System.out.println("\t3.退出");
```

② 根据选择，进入菜单项的功能。

```
int flag = scanner.nextInt();
// 登录
switch (flag) {
    case 1:
        break;
    case 2:
        break;
    case 3:
        exitSystem();
    default:
        printError();
}
```

③ 定义辅助交互方法。

```
// 打印错误信息
public static void printError() {
    System.out.println("您的输入不合法,请重新输入。");
}
// 打印结束使用信息,并退出系统
public static void exitSystem() {
    System.out.println("-------- 谢谢使用,再见!--------");
    System.exit(0);
}
```

④ 管理员登录。

```
while (true) {
    System.out.print("请输入管理员账号:");
    String adminName = scanner.next();
    System.out.print("请输入管理员密码:");
    String adminPwd = scanner.next();
    Card admin = cardService.login(adminName, adminPwd);
    if (admin != null) {
        System.out.println("管理员【" + admin.getStuName() + "】 您好,
现在是" + sdf.format(new Date()));
        break;
    } else {
        System.out.println("登录失败,请重新输入。如还是不可登录,请联系管理
员。");
    }
}
```

⑤ 管理员菜单。

```
while (true) {
    System.out.println("请选择要执行的操作:");
    System.out.println("\t1.新增校园卡");
    System.out.println("\t2.校园卡充值");
    System.out.println("\t3.查询学生信息");
    System.out.println("\t4.修改学生信息");
    System.out.println("\t5.删除学生信息");
    System.out.println("\t6.查看所有学生信息");
    System.out.println("\t7.返回上一级");
    System.out.println("\t8.退出系统");
}
```

⑥ 用户登录。

```
Card stu;
while (true) {
    System.out.print("请输入账号:");
    String stuName = scanner.next();
    System.out.print("请输入密码:");
    String stuPwd = scanner.next();
    stu = cardService.login(stuName, stuPwd);
    if (stu != null) {
        System.out.println("【" + stu.getStuName() + "】 您好,现在是" +
sdf.format(new Date()));
        break;
    } else {
        System.out.println("登录失败,请重试!!");
    }
}
```

⑦ 用户菜单。

```
while (true) {
    System.out.println("请选择要执行的操作:");
    System.out.println("\t1.余额查询");
    System.out.println("\t2.校园卡充值");
    System.out.println("\t3.刷卡消费");
    System.out.println("\t4.本人信息查看");
    System.out.println("\t5.修改密码");
    System.out.println("\t6.返回上一级");
    System.out.println("\t7.退出系统");
}
```

7）部分程序执行结果。

① 程序初始化菜单界面如图 7.1.1 所示。

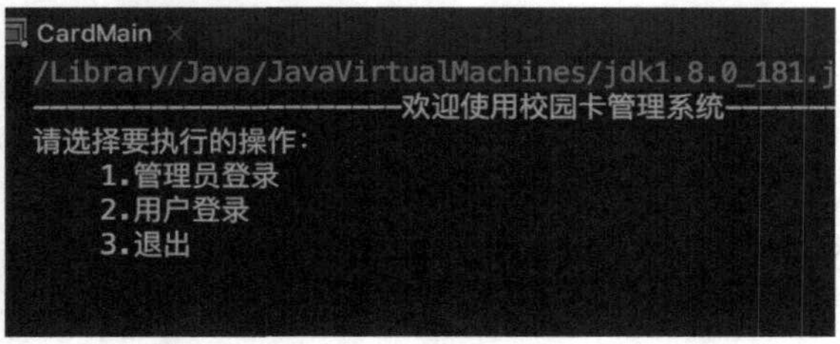

图 7.1.1 程序初始化菜单界面

② 管理员登录成功后菜单界面如图 7.1.2 所示。

③ 新增校园卡界面如图 7.1.3 所示。

图 7.1.2　管理员登录成功后菜单界面

图 7.1.3　新增校园卡界面

④ 新增的校园卡用户登录，成功后菜单界面如图 7.1.4 所示。

⑤ 用户查询余额、充值界面如图 7.1.5 所示。

图 7.1.4　新增的校园卡用户登录成功后菜单界面　　图 7.1.5　用户查询余额、充值界面

 巩固强化

1）创建 Java 项目，使用 JDBC 完成学生表的增加、删除、查询、修改。查询时，除输出每条学生信息记录外，还输出总记录数。

2）定义一个课程类 Course(int cid,String cname,int score)，在数据库中创建课程表。

① 从数据库中读取课程信息。

② 保存读取到课程信息的 course.txt 文件。

③ 从 course.txt 文件中读取 Java 课程信息，更新成绩到数据库中。

案例 7.2　商超购物管理系统

学习目标

1．掌握自定义控件的使用方法。

2．掌握 JMenu、JMenuItem、JInternalFrame、JToolBar、JTable、JTree、Box 等控件的使用方法。

案例解析

系统分为商品管理、员工管理、前台收银三大模块。

1）商品管理。

① 新增商品。

② 修改商品信息。

③ 删除商品。

④ 查询某商品。

⑤ 查看所有商品列表。

2）员工管理。

① 新增售货员。

② 修改售货员信息。

③ 删除售货员。

④ 查询某售货员信息。

⑤ 查看售货员列表。

3）前台收银。

由售货员操作，需要先进行登录验证，登录成功后，可以进行商品录入、收银等操作。

数据库操作可以直接使用案例 7.1 创建的 JDBCUtil 工具类。

相关知识

1）事务处理。

① 原子性：事务是数据库的逻辑工作单位，如果一个操作失败，则全部操作失败。

② 一致性：如果事务出现错误，则回到最原始的状态。

③ 隔离性：多个事务之间无法访问，只有事务完成后才可以看到结果。

④ 持久性：当系统崩溃时，事务依然可以提交。当事务完成后，操作结果持久化

到磁盘中，不会被回滚。

2）Connection 对象常用方法，如表 7.2.1 所示。

表 7.2.1　Connection 对象常用方法

方法	描述
createStatement( )	创建 Statement 语句对象
preparedStatement(sql)	创建 PreparedSatement 预处理对象
preparedCall(sql)	创建执行存储过程的 callableStatement 对象
setAutoCommit(boolean autoCommit)	设置事务是否自动提交
commit( )	提交事务
rollback( )	回滚事务

3）JDBC 操作在建立 Connection、Statement 和 ResultSet 实例时，会占用一定的数据库和 JDBC 资源，所以每次访问数据库结束后，应该及时调用各个实例的 close( )方法销毁这些实例对象，以释放它们占用的资源。在关闭时通常按照如下顺序（即越晚打开越早关闭）：

① resultSet.close( )。

② statement.close( )。

③ connection.close( )。

4）需要某个部件刷新界面时，要调用 repaint( )方法，但是不要直接调用 paint( )方法。重画组件时，如果组件是轻量级的，则 repaint( )会调用 paint( )；如果组件是重量级的，则会调用 update( )。

5）Tree（树）由若干节点通过层级关系组成，节点由 TreeNode 实例表示。创建树时，首先创建一个根节点，接着创建第二层节点并添加到根节点，继续创建节点并添加到其父节点，最终形成由根节点所牵头的一棵树，最后由 JTree 组件显示出来。拥有子节点的节点可以自由展开或折叠子节点。TreeNode 是一个接口，创建节点对象时，通常使用 DefaultMutableTreeNode 实现类。

代码实现

1）创建数据库表。

```
// 商品表
CREATE TABLE goods(
    gid int(8) PRIMARY KEY auto_increment,
    gname VARCHAR(50),
    gprice DOUBLE(16,2),
    gnum int(8)
);
// 售货员表
```

```
CREATE TABLE saleman(
    sid int(12) PRIMARY KEY auto_increment,
    sname VARCHAR(50),
    spwd VARCHAR(50)
);
```

2）创建满足封装性的实体类，对应数据库表，此处省略构造方法和 getter( )/setter( ) 方法。

```
/**
 * 商品实体类
 */
public class Goods {
    private int gid;
    private String gname;
    private double gprice;
    private int gnum;
}
/**
 * 售货员实体类
 */
public class Saleman {
    private int sid;
    private String sname;
    private String spwd;
}
```

3）创建自定义控件，继承 JTextField 类，设置文本框只允许输入数字。

```
public class DigitOnlyField extends JTextField {
    public DigitOnlyField(int columns) {
        super(columns);
    }
    protected Document createDefaultModel() {
        return new UpperCaseDocument();
    }
    static class UpperCaseDocument extends PlainDocument {
        @Override
        public void insertString(int offs, String str, AttributeSet a)
        throws BadLocationException {
            if (str == null) {
```

```
                    return;
                }
                char[] upper = str.toCharArray();
                String filtered = "";
                for (int i = 0; i < upper.length; i++) {
                    if (Character.isDigit(Character.codePointAt(upper, i))) {
                        filtered += upper[i];
                    }
                }
                super.insertString(offs, filtered, a);
            }
        }
    }
```

4）商品添加流程。

① 定义提示标签、输入框和【添加】按钮。

```
/* 提示标签 */
public JLabel gnameLabel = new JLabel("商品名称:");
public JLabel gpriceLabel = new JLabel("商品价格:");
public JLabel gnumLabel = new JLabel("商品数量:");


/* 输入框 */
public JTextField gnameTextField = new JTextField();  //添加商品名称
public JTextField gpriceTextField = new JTextField();  //添加商品价格
public DigitOnlyField gnumTextField = new DigitOnlyField(1);  //商品
数量
private JButton addBtn = new JButton("添加");  // 【添加】按钮
```

② 单击【添加】按钮，提交用户输入的值。

```
addBtn.addActionListener(new ActionListener() {
    @Override
    public void actionPerformed(ActionEvent arg0) {
        try {
            goodsDao.addGoods(gnameTextField.getText(), Double.
parseDouble(gpriceTextField.getText()), Integer.valueOf(gnumTextField.
getText()).intValue());
            JOptionPane.showMessageDialog(null, "添加成功。");
            gnameTextField.setText("");
            gpriceTextField.setText("");
            gnumTextField.setText("");
```

```
        } catch (NumberFormatException e) {
            e.printStackTrace();
        }
    }
});
// 解决单击按钮没有反应、需要最小化来刷新的问题
panel.validate();
panel.repaint();
```

③ 调用 DAO 层，进而调用 JDBC 工具类，将数据保存到数据库中。

```
// 添加商品
public void addGoods(String name, double price, int num) {
    String sql = "INSERT INTO goods (gname, gprice, gnum) VALUES
(?, ?, ?)";
    JDBCUtil.doUpdate(sql, name, price, num);
}
```

5）查询商品列表。

① 界面使用列表展示，使用 **JTable** 控件加载数据。

```
private JTable table;
private Object head[] = null;  //商品列表表头
private DefaultTableModel defaultTableModel = null;
```

② 定义获取数据并封装到数据模型的方法。

```
private Object[][] queryData() {
    List<Goods> list = goodsDao.findGoods();
    data = new Object[list.size()][head.length];
    for (int i = 0; i < list.size(); i++) {
        for (int j = 0; j < head.length; j++) {
            data[i][0] = list.get(i).getGid();
            data[i][1] = list.get(i).getGname();
            data[i][2] = list.get(i).getGprice();
            data[i][3] = list.get(i).getGnum();
        }
    }
    return data;
}
```

③ 单击【商品查询】按钮，获取数据源，设置表头，将数据显示在列表中。

```
public void actionPerformed(ActionEvent arg0) {
```

```
panel.removeAll();
box.removeAll();
// 列表展示,列表头
head = new Object[]{"商品编号", "商品名称", "商品价格", "商品数量"};
defaultTableModel = new DefaultTableModel(queryData(), head) {
    public boolean isCellEditable(int row, int column) {
        return false;
    }
};
table = new JTable(defaultTableModel);
JScrollPane s = new JScrollPane(table);
panel.add(s);
panel.validate();
panel.repaint();
}
```

④ 数据访问层,通过 JDBC 工具调用数据库获取数据。

```
public List<Goods> findGoods() {
    List<Goods> list = new ArrayList<>();
    ResultSet rs = null;
    try {
        String sql = "select * from goods";
        rs = JDBCUtil.doQuery(sql);
        while (rs.next()) {
            Goods goods = new Goods();
            goods.setGid(rs.getInt(1));
            goods.setGname(rs.getString(2));
            goods.setGprice(rs.getDouble(3));
            goods.setGnum(rs.getInt(4));
            list.add(goods);
        }
    } catch (Exception e) {
        e.printStackTrace();
    } finally {
        try {
            if(rs != null) {
                JDBCUtil.free(rs.getStatement().getConnection(),
rs.getStatement(), rs);
            }
```

```
        } catch (SQLException e) {
            e.printStackTrace();
        }
    }
    return list;
}
```

6）其他业务流程的实现类似上述的商品添加流程，这里不再说明。

7）部分程序执行结果。

① 系统主界面如图 7.2.1 所示。

图 7.2.1　系统主界面

② 添加商品界面如图 7.2.2 所示。

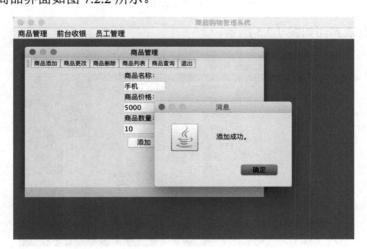

图 7.2.2　添加商品界面

③ 查看商品列表界面如图 7.2.3 所示。

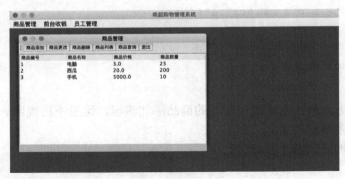

图 7.2.3 查看商品列表界面

④ 前台收银登录界面如图 7.2.4 所示。

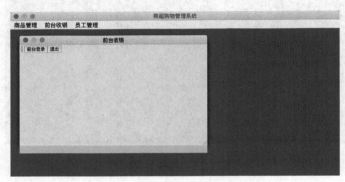

图 7.2.4 前台收银登录界面

⑤ 员工登录界面如图 7.2.5 所示。

图 7.2.5 员工登录界面

⑥ 登录成功后，进入录入商品收银功能界面如图 7.2.6 所示。

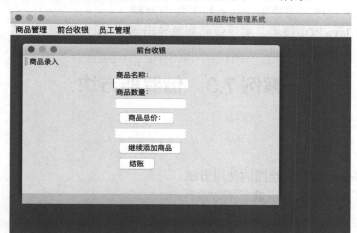

图 7.2.6 录入商品收银功能界面

⑦ 员工管理界面如图 7.2.7 所示。

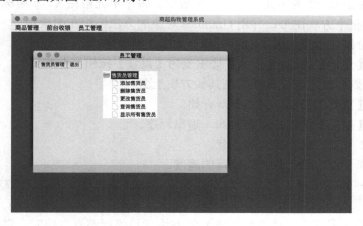

图 7.2.7 员工管理界面

巩固强化

1）在数据库中创建学生信息表（studentInfo），具有如下字段。

① sno：学号，自增主键。

② sname：姓名，非空。

③ sex：性别，非空。

④ age：年龄，非空。

⑤ phone：联系方式，非空。

⑥ remark：备注，可为空。

2）完善案例程序，完整实现其他待开发的流程。

3）请使用 Java POI 技术，实现商品列表导出到 Excel 的功能。

案例 7.3　俄罗斯方块

学习目标

1．掌握 Graphics 界面绘图的使用方法。

2．能够用 Java 语言实现俄罗斯方块程序。

案例解析

1）绘制游戏界面，包含游戏面板和控制按钮，分别有【开始】、【重置】和【退出】3 个功能按钮，有显示分数和速度的标签，以及提前显示下一个方块的区域。

2）方块由边长 20 的单元格组成多种形状。每个单元格由 x、y 坐标确定。使用数组保存生成的整个方块图形，并用 Graphics 对象的方法绘制在面板中。

3）界面分别注册按钮的单击事件和键盘的控制事件。

① 单击【开始】按钮，【开始】按钮变为【重置】按钮。游戏开始，生成方块往下降落，直到落到面板底部位置或落在其他方块上面。

② 单击【重置】按钮，游戏重新开始。

③ 单击【退出】按钮，结束游戏，退出程序。

④ 按【↑】键，则变换方块形状。

⑤ 按【↓】键，则加快方块掉落的速度。

⑥ 按【←】或【→】键，则向左或向右移动方块，但不能超过游戏面板的左右边界。

4）当落地（或落在其他方块上方）的方块满足整行都有方块时，消除该行的方块并得分。

5）当方块到达面板顶部时，不再生成新的方块，则游戏结束，弹出提示对话框，记录玩家的有效分数（大于 0）到数据库表中。

6）当玩家分数达到一定数值后，提高游戏速度。

7）本案例采用定时器实现方块降落、不断重绘界面的效果。

相关知识

Graphics.fill3DRect 用来绘制一个用当前颜色填充的三维高亮显示矩形。矩形的边高亮显示，高亮显示效果所用的颜色根据当前颜色确定。

 代码实现

1）创建方块单元格对象。

```
public class Cell {
    int x;
    int y;
}
```

2）创建游戏面板和游戏中的控制处理逻辑。

① 创建类，继承 JPanel 类，实现按钮和键盘事件接口，定义界面元素等属性。

```
public class GamePanel extends JPanel implements ActionListener,
KeyListener {
    int score;
    int speed;
    int tempScore;
    boolean start;
    Timer timer;
    int temp;
    Cell[] cell = new Cell[4];
    Cell[] cellTemp = new Cell[4];
    int[][] map = new int[10][18];
    Random random = new Random();
    private JButton startGameBtn;
    private JButton exitGameBtn;
    private JDialog resultDialog;
    private JLabel resultLabel;
    private JButton resultButton;
    // 数据访问层对象
    private ScoreDao scoreDao;
}
```

② 定义初始化方法，初始化方块和界面元素等对象。

```
private void init() {
    for (int i = 0; i < cell.length; i++) {
        cell[i] = new Cell();
    }
    for (int i = 0; i < cellTemp.length; i++) {
        cellTemp[i] = new Cell();
```

```
        }
        for (int i = 0; i < 10; i++) {
            for (int j = 0; j < 18; j++) {
                map[i][j] = 0;
            }
        }
        startGameBtn = new JButton("开始");
        exitGameBtn = new JButton("退出");
        resultDialog = new JDialog();
        resultLabel = new JLabel();
        resultButton = new JButton("游戏结束");
        scoreDao = new ScoreDao();
        // 添加界面元素
        this.setLayout(new FlowLayout(FlowLayout.RIGHT));
        this.add(startGameBtn);
        this.add(exitGameBtn);
        // 注册按钮事件
        startGameBtn.addActionListener(this);
        exitGameBtn.addActionListener(this);
        // 键盘控制事件
        this.addKeyListener(this);
        resultDialog.setLayout(new GridLayout(2, 1));
        resultDialog.add(resultLabel);
        resultDialog.add(resultButton);
        resultButton.addActionListener(this);
        resultDialog.setSize(200, 100);
        resultDialog.setLocation(200, 100);
        resultDialog.setVisible(false);
    }
```

③ 重写面板绘制的 paintComponent( )方法，绘制矩形框、标签、方块等。

```
public void paintComponent(Graphics g) {
    //绘制矩形框
    super.paintComponent(g);
    g.drawRect(9, 10, 200, 360);
    //分数
    g.drawString("分数" + score, 220, 60);
    g.drawLine(220, 65, 360, 65);
    g.drawString("速度" + speed, 220, 90);
    g.drawLine(220, 95, 360, 95);
```

```
        g.drawString("下一块", 250, 120);
        if (start) {
            g.setColor(new Color(255, 0, 0));
            for (int i = 0; i < 4; i++) {
                g.fill3DRect(10 + cell[i].x * 20, 10 + cell[i].y * 20, 20,
20, true);
            }
            for (int i = 0; i < 10; i++) {
                for (int j = 0; j < 18; j++) {
                    if (map[i][j] == 1) {
                        g.fill3DRect(10 + i * 20, 10 + j * 20, 20, 20, true);
                    }
                }
            }
            g.setColor(new Color(0, 0, 255));
            for (int i = 0; i < 4; i++) {
                g.fill3DRect(220 + cellTemp[i].x * 20, 140 + cellTemp[i].y
* 20, 20, 20, true);
            }
        }
    }
```

④ 定义初始化方块坐标的方法。

```
    private void setCellVal(Cell[] cells) {
        switch (temp) {
            case 0:
                cells[0].x = 1;
                cells[0].y = 0;
                cells[1].x = 2;
                cells[1].y = 0;
                cells[2].x = 3;
                cells[2].y = 0;
                cells[3].x = 4;
                cells[3].y = 0;
                break;
            case 1:
                cells[0].x = 3;
                cells[0].y = 0;
                cells[1].x = 4;
                cells[1].y = 0;
```

```java
                cells[2].x = 2;
                cells[2].y = 1;
                cells[3].x = 3;
                cells[3].y = 1;
                break;
            case 2:
                cells[0].x = 2;
                cells[0].y = 0;
                cells[1].x = 3;
                cells[1].y = 0;
                cells[2].x = 2;
                cells[2].y = 1;
                cells[3].x = 3;
                cells[3].y = 1;
                break;
            case 3:
                cells[0].x = 2;
                cells[0].y = 0;
                cells[1].x = 2;
                cells[1].y = 1;
                cells[2].x = 2;
                cells[2].y = 2;
                cells[3].x = 3;
                cells[3].y = 2;
                break;
            case 4:
                cells[0].x = 3;
                cells[0].y = 0;
                cells[1].x = 3;
                cells[1].y = 1;
                cells[2].x = 3;
                cells[2].y = 2;
                cells[3].x = 2;
                cells[3].y = 2;
                break;
            case 5:
                cells[0].x = 3;
                cells[0].y = 0;
                cells[1].x = 2;
                cells[1].y = 1;
```

```
            cells[2].x = 3;
            cells[2].y = 1;
            cells[3].x = 4;
            cells[3].y = 1;
            break;
        case 6:
            cells[0].x = 2;
            cells[0].y = 0;
            cells[1].x = 3;
            cells[1].y = 0;
            cells[2].x = 3;
            cells[2].y = 1;
            cells[3].x = 4;
            cells[3].y = 1;
            break;
    }
}
```

⑤ 实现按钮单击触发的方法。

```
public void actionPerformed(ActionEvent e) {
    if (e.getSource() == startGameBtn) {
        if (e.getActionCommand().equals("开始")) {
            startGameBtn.setText("重置");
            requestFocus(true);
            start = true;
            temp = random.nextInt(7);
            if (!newCell()) {
                // 创建定时器,控制方块向下移动
                timer = new Timer(1200 - (100 * speed), new MyTimer());
                timer.start();
                temp = random.nextInt(7);
                nextAct();
                repaint();
            } else {
                //游戏失败
                return;
            }
        } else {
            reset();
        }
```

```
    }
    if (e.getSource() == exitGameBtn) {
        System.exit(0);
    }
    if (e.getSource() == resultButton) {
        reset();
        resultDialog.setVisible(false);
        repaint();
    }
}
```

⑥ 注册键盘事件，玩家通过按【↑】、【↓】、【←】、【→】键控制游戏方块。

```
public void keyPressed(KeyEvent e) {
    if (start) {
        switch (e.getKeyCode()) {
            case KeyEvent.VK_DOWN:
                down();
                break;
            case KeyEvent.VK_UP:
                rotateCell();
                break;
            case KeyEvent.VK_LEFT:
                moveLeftRight(-1, 0);
                break;
            case KeyEvent.VK_RIGHT:
                moveLeftRight(1, 0);
                break;
            default:
                break; }
    }
}
```

⑦ 定义方块左右移动的方法，需要判断边界。

```
private void moveLeftRight(int x, int y) {
    if (minYes(x, y)) {
        for (int i = 0; i < 4; i++) {
            cell[i].x += x;
            cell[i].y += y;
        }
    }
}
```

```
        repaint();
    }
    private boolean maxYes(int x, int y) {
        if (x < 0 || x >= 10 || y < 0 || y >= 18) {
            return false;
        }
        if (map[x][y] == 1) {
            return false;
        }
        return true;
    }
    private boolean minYes(int x, int y) {
        for (int i = 0; i < 4; i++) {
            if (!maxYes(cell[i].x + x, cell[i].y + y)) {
                return false;
            }
        }
        return true;
    }
```

⑧ 定义方法，当行满足消除条件时，消掉行。

```
    private int deleteRow() {
        int line = 0;
        for (int i = 0; i < 18; i++) {
            int j;
            for (j = 0; j < 10; j++) {
                if (map[j][i] == 0) {
                    break;
                }
            }
            if (j >= 10) {
                line += 1;
                if (i != 0) {
                    for (int j2 = i - 1; j2 > 0; j2--) {
                        for (int k = 0; k < 10; k++) {
                            map[k][j2 + 1] = map[k][j2];
                        }
                    }
                    for (int j2 = 0; j2 < 10; j2++) {
                        map[0][j2] = 0;
```

```
            }
          }
        }
      }
    repaint();
    return line;
}
```

⑨ 定义按【↓】键，方块移动加速的方法。

```
private void down() {
    if (minYes(0, 1)) {
        for (int i = 0; i < 4; i++) {
            cell[i].y += 1;
        }
        repaint();
    } else {
        timer.stop();
        for (int i = 0; i < 4; i++) {
            map[cell[i].x][cell[i].y] = 1;
        }
        int line = deleteRow();
        if (line != 0) {
            score = score + (10 * line * line);
            if (score - tempScore >= 300) {
                tempScore = score;
                if (speed <= 9) {
                    speed += 1;
                }
            }
        }
        // 不生成新的方块则游戏结束
        if (!newCell()) {
            temp = random.nextInt(7);
            nextAct();
            timer.start();
        } else {
            System.out.println("游戏结束");
            timer.stop();
            // 显示提示框
            resultLabel.setText("游戏结束,您的分数是【" + score + "】");
```

```
        resultDialog.setVisible(true);
        // 记录大于 0 的分数到数据库
        if(score > 0) {
            scoreDao.insertScore(score);
        }
    }
    repaint();
    }
}
```

⑩ 创建定时器任务：生成方块后，方块自动往下落。

```
public class MyTimer implements ActionListener {
    public void actionPerformed(ActionEvent e) {
        if (start) {
            down();
        }
    }
}
```

⑪ 定义按【↑】键变换方块形状的方法。

```
private void rotateCell() {
    Cell[] tt = new Cell[4];
    for (int i = 0; i < tt.length; i++) {
        tt[i] = new Cell();
        tt[i].x = cell[i].x;
        tt[i].y = cell[i].y;
    }
    int cx = (tt[0].x + tt[1].x + tt[2].x + tt[3].x) / 4;
    int cy = (tt[0].y + tt[1].y + tt[2].y + tt[3].y) / 4;
    for (int i = 0; i < tt.length; i++) {
        tt[i].x = cx + cy - cell[i].y;
        tt[i].y = cy - cx + cell[i].x;
    }
    for (int i = 0; i < tt.length; i++) {
        if (!maxYes(tt[i].x, tt[i].y)) {
            return;
        }
    }
    for (int i = 0; i < tt.length; i++) {
        cell[i].x = tt[i].x;
```

```
            cell[i].y = tt[i].y;
        }
        repaint();
    }
```

⑫ 定义游戏重置、重新开始的触发方法。

```
private void reset() {
    score = 0;
    tempScore = 0;
    speed = 0;
    start = false;
    for (int i = 0; i < 10; i++) {
        for (int j = 0; j < 18; j++) {
            map[i][j] = 0;
        }
    }
    startGameBtn.setText("开始");
}
```

3）创建数据访问层，调用 JDBC 工具类，记录分数到数据库。

```
public class ScoreDao {
    public int insertScore(int score) {
        String sql = "insert into score(score) values(?)";
        Object[] args = {score};
        return JDBCUtil.doUpdate(sql, args);
    }
}
```

4）创建游戏主面板及入口。

```
public class GameMain extends JFrame {
    public GameMain() {
        super("俄罗斯方块");
        this.add(new GamePanel());
        this.setSize(380, 420);
        this.setResizable(false);
        FrameUtil.setLocation(this);
        this.setDefaultCloseOperation(WindowConstants.EXIT_ON_CLOSE);
        this.setVisible(true);
    }
    public static void main(String[] args) {
```

```
            new GameMain();
        }
    }
```

5) 部分程序运行结果。

① 程序初始界面如图 7.3.1 所示。

图 7.3.1　程序初始界面

② 进行中的游戏界面如图 7.3.2 所示。

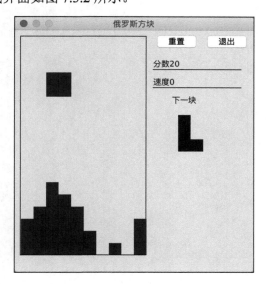

图 7.3.2　进行中的游戏界面

③ 游戏结束界面如图 7.3.3 所示。

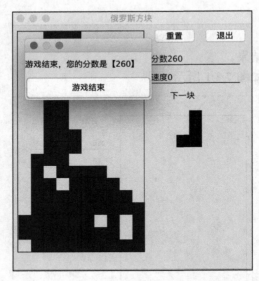

图 7.3.3　游戏结束界面

巩固强化

1）添加【W】、【A】、【S】、【D】键，作为游戏中向上、向下、向左和向右的控制键。

2）使用自定义线程替代本案例中的定时器，实现类似效果。

单元 8　网络编程

案例 8.1　图 片 上 传

学习目标

1．掌握 Java 网络编程的基础知识。
2．掌握客户端和服务器类的使用方法。
3．能够用 Java 语言实现图片上传程序。

案例解析

1）本案例实现过程：

从本地通过客户端向服务器上传一张图片，因为没有界面操作，客户端可以通过输入图片路径来模拟文件选择。系统对文件进行校验，判断文件格式是否为".jpg"格式，且文件大小不能超过 2MB。最后，服务器端将图片保存，并向客户端回复信息。

2）服务器端处理流程：

①在指定的端口实例化一个 ServerSocket 对象，服务器就可以用这个端口监听从客户端发来的连接请求。

②调用 ServerSocket 的 accept( )方法，在等待连接期间造成阻塞，监听连接从端口上发来的连接请求。

③利用 accept( )方法返回的客户端的 Socket 对象，进行 I/O 流的操作，读取并保存图片，保存图片时需要考虑文件重名覆盖的问题。可以使用时间戳或 UUID 生成随机编码来解决文件重名覆盖的问题。

④关闭打开的 I/O 流对象和 Socket 对象。

3）客户端处理流程：

①用服务器的 IP 地址和端口号实例化 Socket 对象。

②执行 I/O 操作。读取本地文件的流、获得 Socket 上的流，通过 I/O 操作将要上传的文件用流的方式发送到服务器并接收回复消息。本案例采用 PrintStream 打印流将获取到的本地数据发送给服务器端。

③关闭打开的 I/O 流对象和 Socket 对象。

相关知识

1) TCP/IP（transmission control protocol/internet protocol）即传输控制协议/互联网协议，是一个工业标准的协议集。

2) UDP（user datagram protocol）即用户数据报协议，是与 TCP 相对应的协议。它属于 TCP/IP 族。TCP/IP 族包括应用层、传输层、网络层和链路层。

3) Socket 为套接字，表现为"IP 地址+TCP 或 UDP 端口号"，是应用层与 TCP/IP 族通信的中间软件抽象层。代码层面为一组接口，java.net 包中定义的两个类 Socket 和 ServerSocket，分别用来实现双向连接的 Client 端和 Server 端。

4) 网络间的通信基本流程：

① 服务器端初始化 ServerSocket，与端口绑定，对端口进行监听，然后调用 accept( ) 方法阻塞，等待客户端连接。

② 客户端初始化 Socket，通过 IP 地址和 port 连接到服务器。如果连接成功，则客户端与服务器端就建立连接了。

③ 客户端发送数据请求，服务器端接收请求并处理请求，然后把回复内容发送回客户端，客户端读取数据，最后关闭连接，一次交互完成。

代码实现

1. 创建服务器端程序

1) 创建服务器端，指定监听端口。

```
ServerSocket serverSocket = new ServerSocket(8899);
System.out.println("【服务器启动】等待客户端连接......");
```

2) 服务器端不断接收客户端连接。

```
while (true) {
    Socket socket = serverSocket.accept();
}
```

3) 创建线程来处理客户端的请求。

```
new Thread(() -> {
    // 获取客户端的 IP 地址
    String ip = socket.getInetAddress().getHostAddress();
    System.out.println("客户端【" + ip + "】连接到服务器!");
    System.out.println("【" + ip + "】发来图片......");
    // 创建图片的保存路径目录
    File dir = new File("/Users/yakov/img");
```

```
        if (!dir.exists()) {
            dir.mkdirs();
        }
        File file = new File(dir, UUID.randomUUID() + ".jpg");
        try {
            // 获取服务器端的输入流
            BufferedInputStream bis = new BufferedInputStream(socket.
getInputStream());
            //创建图片输出路径的输出流
            BufferedOutputStream bos = new BufferedOutputStream(new
FileOutputStream(file));
            //获取服务器端的输出流
            PrintStream ps = new PrintStream(socket.getOutputStream(),
true);
            //读取输入流中的数据,并将数据写入输出流指定位置的文件
            byte[] arr = new byte[1024 * 8];
            int b;
            while ((b = bis.read(arr)) != -1) {
                bos.write(arr, 0, b);
                bos.flush();
            }
            ps.println("【服务器回复】图片已上传成功,保存到服务器!");
            ps.close();
            bos.close();
            bis.close();
            socket.close();
            System.out.println("操作成功,客户端断开!");
        } catch (IOException e) {
            e.printStackTrace();
        }
    }).start();
```

2. 创建客户端程序

1）创建方法：从控制台输入图片路径，验证资源可用性。

```
public static File getFile() {
    Scanner sc = new Scanner(System.in);
    System.out.println("请输入要上传的图片路径:");
    String directory = sc.nextLine();
    File file = new File(directory);
```

```
        if (!(file.exists() && file.isFile())) {
                System.out.println("文件不存在!");
            return null;
        } else if (!file.getName().endsWith(".jpg")) {
                System.out.println("文件格式不对");
            return null;
        } else if (file.length() >= 1024 * 1024 * 2) {
            System.out.println("文件过大,不应超过 2MB,请检查!");
            return null;
        } else {
            return file;
        }
    }
```

2）创建客户端 Socket 对象，连接服务器。

```
socket = new Socket("127.0.0.1", 8899);
System.out.println("【客户端启动】");
```

3）创建 I/O 流对象。

```
// 创建输入流,读取图片信息
BufferedInputStream imgBis = new BufferedInputStream(new FileInputStream
(file));
// 获取客户端的输出流
PrintStream ps = new PrintStream(socket.getOutputStream(), true);
// 获取客户端的输入流,读取服务端的回送信息
BufferedInputStream  socketBis  =  new  BufferedInputStream(socket.
getInputStream());
```

4）将本地图片写入输出流。

```
byte[] arr1 = new byte[1024 * 8];
int b;
while ((b = imgBis.read(arr1)) != -1) {
    ps.write(arr1, 0, b);
}
// 文件写出完成后,需要显式地告知服务器端已经完成,否则容易造成图片上传不完整,出
现破坏
socket.shutdownOutput();
System.out.println("图片发送到服务器成功!");
```

5）客户端读取服务器端的回复信息。

```
byte[] arr2 = new byte[1024];
```

```
        int len = socketBis.read(arr2);
        System.out.println(new String(arr2, 0, len));
```

6）关闭流对象。

```
try {
    if (socketBis != null) socketBis.close();
    if (ps != null) ps.close();
    if (imgBis != null) imgBis.close();
    if (socket != null) socket.close();
} catch (IOException e) {
    e.printStackTrace();
}
```

3. 部分程序执行结果

1）服务器端启动，等待客户端连接界面如图 8.1.1 所示。

图 8.1.1　等待客户端连接界面

2）客户端上传图片界面如图 8.1.2 所示。

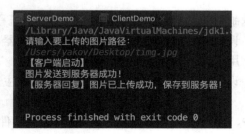

图 8.1.2　客户端上传图片界面

3）服务器端保存的图片界面如图 8.1.3 所示。

图 8.1.3　服务器端保存的图片界面

巩固强化

1）创建一个服务端，不断等待客户端连接，接收客户端的消息并回复消息。创建一个客户端，不断接收控制台输入，将输入的信息发送给服务器，并不断接收来自服务器的回复消息，直到输入"quit"退出。

2）用图形用户界面方式修改本案例客户端，即实现用户可以用界面选择文件上传。

案例 8.2　模拟邮件发送/接收

学习目标

1．掌握 Java 定时器的用法。
2．掌握 Java 线程池的用法。
3．能够用 Java 语言实现模拟邮件发送/接收。

案例解析

1）服务器端启动并设置监听端口，实现接收客户端连接、接收客户端消息报文、回复消息给客户端、发送邮件等功能。

2）客户端将要接收邮件的地址发送给服务端，模拟很多平台都提供的获取验证码、注册激活链接等功能。

3）服务端完成发送邮件等功能。借助 mail.jar 来实现的流程：
① 创建连接对象，设置邮件发送协议、发送邮件的服务器、端口等。
② 构建授权信息，用于使用 SMTP 进行身份验证。
③ 创建邮件对象，设置发件人、收件人、抄送者、邮件主题和内容等。
④ 发送邮件。

4）本例基于 SMTP，通过 Java 代码实现 QQ 邮箱代发邮件，需要设置 QQ 邮箱，开启 SMTP 服务，得到授权码。

5）可以通过 Executors 类的 newFixedThreadPool( )方法来创建固定大小的线程执行器，用来执行服务器的消息处理和邮件发送线程。

相关知识

1）SMTP（simple mail transfer protocol）即简单邮件传送协议，是一组用于由源地址到目的地址传送邮件的规则，由它来控制邮件的中转方式。SMTP 属于 TCP/IP 簇，帮助每台计算机在发送或中转信件时找到下一个目的地。SMTP 服务器则是利用 SMTP

的发送邮件服务器来发送或中转发出的电子邮件。

2）HELO 是普通 SMTP，不带身份验证，可以伪造邮件；EHLO 是 ESMTP，带有身份验证，无法伪造。

3）邮件创建发送步骤：

① 创建 Properties 类用于记录邮箱的属性，如开启身份验证设置、SMTP 服务器、端口号、账号、密码/授权码。

② 构建授权信息，用于使用 SMTP 进行身份验证。

③ 使用环境属性和授权信息，创建邮件会话。

④ 创建邮件消息对象。

⑤ 设置发件人。

⑥ 设置收件人的邮箱。

⑦ 设置邮件标题。

⑧ 设置邮件的内容。

⑨ 发送邮件。

4）邮件还可以处理多用户发送、设置多人接收、抄送、密送、添加附件等。

5）可以通过 Java 中的工具类 Executors 静态工厂构建线程池，创建的线程池都实现了 ExecutorService 接口，常用的方法如下。

① newFiexedThreadPool(int Threads)方法：创建固定数目线程的线程池，可控制线程最大并发数，超出的线程会在队列中等待。

② newCachedThreadPool( )方法：创建一个可缓存线程池，如果线程池长度超过处理需要，可灵活回收空闲线程。若无可回收线程，则新建线程。

③ newSingleThreadExecutor( )方法：创建一个单线程化的 Executor，它只会用唯一的工作线程来执行任务，保证所有任务按照指定顺序（FIFO、LIFO、优先级）执行。

④ newScheduledThreadPool(int corePoolSize)方法：创建一个支持定时和周期性的任务执行的线程池，某些情况下可替代 Timer 类。

6）正式环境一般不建议使用 Executors 工具类创建线程池，可能会导致 OOM（out of memory，内存溢出），即避免使用 Executors 工具类创建线程池，主要是避免使用其中的默认实现，所以可以直接调用 ThreadPoolExecutor 的构造函数来创建线程池，在创建时，给 BlockingQueue（阻塞队列）指定容量即可。通常在项目中，我们会使用开源类库，如 Apache、Guava 等。

7）通过 Executors 工具类的 newCachedThreadPool( )方法来创建线程执行器的时候，会遇到线程池的线程数量问题。如果线程池中没有空闲的线程，执行器会自动地创建一个新的线程。如果有大量的任务到达，会造成系统超负荷。这时可以通过创建固定大小的线程执行器来解决这个问题。当达到最大线程数时，会将新到达的任务阻塞，直到有空闲的线程。

8）Java 中的 BlockingQueue 主要有以下两种实现。

① ArrayBlockingQueue：用数组实现的有界阻塞队列，必须设置容量。

② LinkedBlockingQueue：用链表实现的有界阻塞队列，容量不一定要设置。如果不设置，将是一个无边界的阻塞队列，最大长度为 Integer.MAX_VALUE。

代码实现

1）创建客户端程序，连接服务器，向服务器发送邮件接收人姓名和邮箱地址，接收服务器的回复消息。

```java
public static void sendMailInfo(String username, String toEmailAddr) {
    Socket socket = null;
    BufferedReader br = null;
    PrintWriter pw = null;
    try {
        socket = new Socket("127.0.0.1", 8888);
        System.out.println("连接服务器成功。");
        br = new BufferedReader(new InputStreamReader(socket.
getInputStream()));
        pw = new PrintWriter(new OutputStreamWriter(socket.
getOutputStream()), true);
        pw.println(username + "#" + toEmailAddr);
        String sendResult = br.readLine();
        if ("success".equals(sendResult)) {
            System.out.println("成功发送内容:" + toEmailAddr);
        } else {
            System.out.println("发送失败");
        }
    } catch (Exception e) {
        e.printStackTrace();
    } finally {
        try {
            if(br != null) br.close();
            if(pw != null) pw.close();
            if(socket != null) socket.close();
        } catch (Exception e) {
            e.printStackTrace();
        }
    }
}
```

2）创建客户端服务器交互的消息队列，采用单例模式。

```java
public class MyQueue {
    private static MyQueue instance = new MyQueue();
    private MyQueue() {
    }
    private BlockingQueue<String> sendQueue = new LinkedBlockingQueue<>();
    public static MyQueue getInstance() {
        return instance;
    }
    public void put(String str) {
        sendQueue.offer(str);
    }
    public String get() throws InterruptedException {
        return sendQueue.take();
    }
}
```

3）创建定时器任务线程，实现 TimerTask 抽象类。TimerTask 抽象类本身实现了 Runnable 接口。

```java
public class TokenPutTask extends TimerTask{
    private BlockingQueue<String> tokenQueue;
    public TokenPutTask(BlockingQueue<String> tokenQueue) {
        this.tokenQueue = tokenQueue;
    }
    public void run() {
        try {
            tokenQueue.put("ok");
        } catch (InterruptedException e) {
            e.printStackTrace();
        }
    }
}
```

4）创建设置消息任务延迟时间类，创建调度定时器任务，采用单例模式。
① 创建类，定义属性。

```java
public class MyTokenQueue {
    private static MyTokenQueue instance = new MyTokenQueue();
    private Map<String, Long> delayMap = new HashMap<>();
    private Map<String, BlockingQueue<String>> tokenQueueMap = new
```

```
HashMap<>();
    }
```

② 私有化构造方法，提供获取实例的方法。

```
private MyTokenQueue() {
    delayMap.put("sina.com", Long.valueOf(1000 * 3));
    delayMap.put("163.com", Long.valueOf(1000 * 5));
    delayMap.put("google.com", Long.valueOf(1000 * 7));
    delayMap.put("qq.com", Long.valueOf(1000 * 10));
}
public static MyTokenQueue getInstance() {
    return instance;
}
```

③ 提供设置延迟和定时调度的方法。

```
public String get(String domain) throws InterruptedException {
    BlockingQueue<String> tokenQueue = tokenQueueMap.get(domain);
        if (tokenQueue == null) {
        tokenQueue = new LinkedBlockingQueue<>();
        tokenQueue.put("ok");
        tokenQueueMap.put(domain, tokenQueue);
        }
        String message = tokenQueue.take();
        Long delayTime = delayMap.get(domain);
    if (delayTime == null) {
        delayTime = Long.valueOf("10"); // 默认延时 10 毫秒
    }
        new Timer().schedule(new TokenPutTask(tokenQueue), delayTime);
    return message;
    }
```

5）实现服务器发送邮件功能。

① 定义邮件服务器的参数，本程序支持 QQ 邮箱，其他邮箱可能需要不同设置和参数。

```
private static final String TRANSPORT_PROTOCOL = "smtp";
private static final String SSL_SOCKET_FACTORY_CLASS = "javax.net.
ssl.SSLSocketFactory";
private static final String SMTP_HOST_NAME = "smtp.qq.com";
private static final String SMTP_HOST_PORT = "465";
private static final String SMTP_AUTH_USER = "11111@qq.com";
```

```
        private static final String SMTP_AUTH_PWD = "xtfizheikhgccbec";
```

② 配置参数，设置认证和邮件内容，触发发送邮件。

```
    public static void send(String username, String email) {
        try {
            Properties props = new Properties();
            props.setProperty("mail.smtp.socketFactory.class", SSL_SOCKET_
FACTORY_CLASS);         // 设置 ssl
            props.setProperty("mail.smtp.socketFactory.port", SMTP_HOST_
PORT);                 // 设置端口
            props.setProperty("mail.transport.protocol",
TRANSPORT_PROTOCOL);     // 设置传输协议
            props.setProperty("mail.smtp.host", SMTP_HOST_NAME); props.
setProperty("mail.smtp.auth", "true"); props.setProperty("mail.debug",
"true");                     // 开启 Debug 调试
            Authenticator authenticator = new Authenticator() {
                @Override
                protected PasswordAuthentication getPasswordAuthentication() {
                    return new PasswordAuthentication(SMTP_AUTH_USER, SMTP_
AUTH_PWD);}
            };
            Session mailSession = Session.getInstance(props, authenticator);
            MimeMessage message = new MimeMessage(mailSession);
            InternetAddress form = new InternetAddress(SMTP_AUTH_USER);
            message.setFrom(form);
            message.setSubject("自动发送邮件");
            message.setText("这是一封神奇的邮件,来自【" + username + "】");
            message.addRecipient(Message.RecipientType.TO, new InternetAddress
(email));
            Transport.send(message);
        } catch (Exception e) {
            e.printStackTrace();
        }
    }
```

6）创建调用发送的线程，获取收件人等信息并设置触发邮件发送。

```
    public class SendThread implements Runnable {
        public void run() {
            while (true) {
                try {
```

```
            // 从消息队列中提取消息
            String message = MyQueue.getInstance().get();
            // 将数据拆分成用户名、邮件地址和域名
            String username = message.split("#")[0];
            String email = message.split("#")[1];
            String domain = email.split("@")[1];
            // 从令牌队列中提取一个发送令牌
            MyTokenQueue.getInstance().get(domain);
            // 发送邮件
            MailServer.send(username, email);
            System.out.println("成功发送邮件到【" + email + "】");
        } catch (InterruptedException e) {
            e.printStackTrace();
        }
        }
    }
}
```

7）创建服务器端任务线程，接收客户端消息并回复。

```
public class SocketThread implements Runnable{
    private Socket socket;
    public SocketThread(Socket socket) {
        this.socket = socket;
    }
    public void run() {
        try {
            // 创建 I/O 流
            BufferedReader br = new BufferedReader(new InputStreamReader
(socket.getInputStream()));
            PrintWriter pw = new PrintWriter(new OutputStreamWriter
(socket.getOutputStream()),true);
            // 读取客户端传来的一行数据
            String message = br.readLine();
    System.out.println("接收到客户端的消息:" + message);
            // 放入发送队列
            MyQueue.getInstance().put(message);
            // 将发送结果返回客户端
            pw.println("success");
            // 关闭与客户端的连接
            pw.close();
```

```
                br.close();
                socket.close();
            } catch (Exception e) {
                e.printStackTrace();
            }
        }
    }
```

8）创建服务器端主程序。

① 设置任务线程池。

```
public class MyServer {
    private static ExecutorService socketThreadPool = Executors.
newFixedThreadPool(5);
    private static ExecutorService sendThreadPool = Executors.
newFixedThreadPool(5);
}
```

② 定义服务器启动方法。

```
public static void startServer(int port) {
    try {
        // 在指定端口监听
        ServerSocket ss = new ServerSocket(port);
        System.out.println("服务器启动,在【" + port + "】端口监听。");
        while (true) {
            System.out.println("等待客户端连接...");
            // 等待客户端连接
            Socket s = ss.accept();
            System.out.println("客户端【" + s.getRemoteSocketAddress().
toString() + "】已连接。");
            // 开启一个新线程,处理客户端请求
            SocketThread st = new SocketThread(s);
            socketThreadPool.execute(st);
        }
    } catch (Exception e) {
        e.printStackTrace();
    }
}
```

③ 程序入口函数，启动邮件发送线程，启动服务器。

```
public static void main(String[] args) {
```

```
// 启动 5 个邮件发送线程
for (int i = 0; i < 5; i++) {
    SendThread st = new SendThread();
    sendThreadPool.execute(st);
}
// 启动监听服务器
startServer(8888);
}
```

9）部分程序执行结果。

① 服务器端启动界面如图 8.2.1 所示。

② 服务器端接收客户端请求，并成功发送邮件界面如图 8.2.2 所示。

图 8.2.1　服务器端启动界面  　　　　　　图 8.2.2　成功发送邮件界面

③ 服务器端发送邮件时，打开调试模式界面，如图 8.2.3 所示。

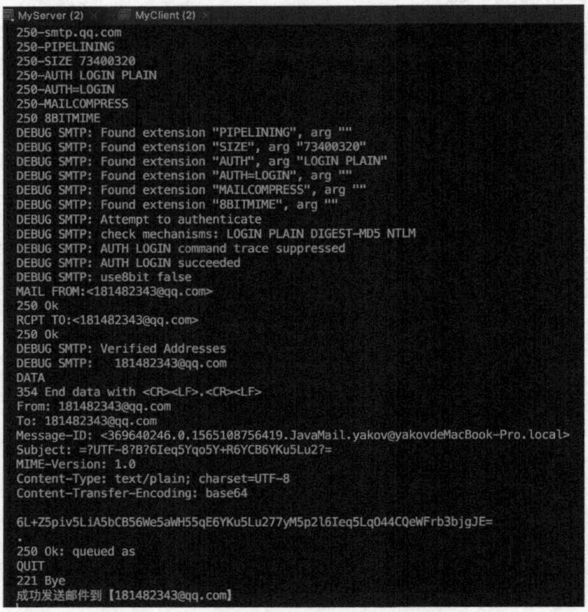

图 8.2.3　调试模式界面

④ 客户端程序执行结果，如图 8.2.4 所示。

⑤ 接收到的邮件，如图 8.2.5 所示。

图 8.2.4　客户端程序执行结果

图 8.2.5　接收到的邮件

巩固强化

1）改进程序，实现邮件发送至多个用户、抄送用户。

2）使用 Java 基于 TCP 的 Socket 程序设计，完成在线咨询功能。

① 客户向咨询人员咨询。

② 咨询人员回复客户问题。

③ 客户和咨询人员可以不断沟通，直到客户发送 "bye" 给咨询人员。

④ 客户离开系统后，咨询人员向客户发送一封邮件。

案例 8.3　经典聊天室应用

学习目标

1. 掌握多线程、I/O 通信、Socket 程序设计结合使用的方法。

2. 能够用 Java 语言实现聊天室应用。

案例解析

1）服务端实现：

① 通过按钮触发服务器的启动和停止，在指定端口等待客户端连接。

② 因为服务器可以接收多个客户端连接，所以服务器需要为每个连接的客户端开启一个线程，提供读写消息的服务。

③ 服务器可以接收客户端发送的消息，并将消息转发给其他连接服务器的客户端。

④ 当某客户端与服务器断开连接时，服务器将离开消息转发给其他在线的客户端。

⑤ 界面显示框可以使用 JScrollPane 滚动面板，当消息过长时可以滚动显示。

2）客户端实现：

① 客户端启动后，可通过单击按钮连接和断开服务器。

② 连接服务器后，可以输入名称和要发送的消息，通过按钮触发发送消息。

③ 客户端连接后，开启线程不断接收服务器转发过来的消息。

3）定义工具类，格式化在客户端、服务器窗口中显示的消息。为每条消息添加收发消息的日期时间。

相关知识

1）主机上的每个端口都标识了一个应用程序。实际上，一个端口确定了一个主机上的一个套接字。主机中的多个程序可以同时访问同一个套接字。有效端口号为 0～65535，其中 0～1024 系统使用或保留端口，如 HTTP 服务端口号 80、Telnet 服务端口号 21、FTP 服务端口号 23 等。所以在选择端口号时，通常选择一个大于 1023 的数防止发生端口冲突。

2）TCP 在执行读写数据时，read( )方法在没有可读数据时会进入阻塞等待，直到有新数据可读才结束等待。TCP 并不能确定在 read( )方法和 write( )方法中所发送信息的界限，读取或发送的数据也可能被 TCP 分割成多个部分。

3）阻塞式 Socket 程序设计中，Socket 的 I/O 可能因多种因素而阻塞，如数据读取方法 read( )和 receive( )在没有数据可读时会阻塞；当 TCP 套接字的 write( )方法没有足够的空间来缓存传输的数据时，也可能阻塞；执行 ServerSocket 的 accept( )方法和 Socket 的构造函数都会阻塞等待。当调用一个已经阻塞的方法时，会导致应用程序停止，并使运行它的线程失效。

4）利用多线程实现多客户机制。服务器总是在指定的端口上监听是否有客户端请求（连接），一旦监听到客户端请求，服务器就会启动一个专门的服务线程来响应该客户端的请求，而服务器本身在启动完线程之后马上又进入监听状态，等待下一个客户端的请求。

5）服务器通常要执行多次客户端的请求，特别是在生产环境中，连接请求次数更多。为了更好地分析异常，大部分的服务器都会将活动记录写入日志。

6）InetAddress 类可以获取客户端的主机名和 IP 地址，是 Java 对 IP 地址的封装。

7）InetAddress 类没有显式构造函数。可以用工厂方法生成一个 InetAddress 对象。

① getLocalHost( )：仅返回本地主机的 InetAddress 对象。

② getByName( )：返回一个传给它的主机名的 InetAddress。

③ getAllByName( )：返回一个特殊名称分解的所有地址的 InetAddresses 对象数组，其中包含与主机名关联的所有 IP 地址。

8）InetAddress 类的常用方法。

① getByName(String host)方法：获取与 Host 相对应的 InetAddress 对象。

② getHostAddress( )方法：获取 InetAddress 对象所包含的 IP 地址。

③ getHostName( )方法：获取此 IP 地址的主机名。

④ getLocalHost( )方法：获取本地主机的 InetAddress 对象。

代码实现

1）创建显示消息的工具类，方便处理窗口中显示的消息。

```
public static void showMsg(String msg, JTextArea area) {
    // 设置消息格式
    String time = new SimpleDateFormat("yyyy-MM-dd HH:mm:ss").format
(new Date());
    area.setText(area.getText() + "\n<" + time + ">:" + msg);
}
```

2）创建服务器的核心功能处理线程。

① 创建自定义线程类，定义属性。

```
public class ServerCore extends Thread {
    // 服务器的窗口对象
    private ServerFrame parent;
    // 服务器是否启动的标识
    private boolean isStart = false;
    private ServerSocket server;
    private static final int SERVER_PORT = 5566;
    // 客户端连接的对象集合
    private List<ServerService> clientsList = new ArrayList<>();
}
```

② 定义返回服务器是否启动的方法。

```
public boolean isStart() {
    return isStart;
}
```

③ 定义启动监听的线程方法。

```
public void startListener() {
    try {
        server = new ServerSocket(SERVER_PORT);
        isStart = true;
        // 不断等待客户端连接
        this.start();
    } catch (IOException e) {
        MsgUtil.showMsg("启动监听失败!", parent.getjTextArea());
```

```
        isStart = false;
    }
}
```

④ 定义停止监听的线程方法。

```java
public void stopListener() {
    try {
        for (ServerService ss : clientsList) {
            ss.getClient().close();
        }
        server.close();
        isStart = false;
        MsgUtil.showMsg("服务器停止监听", parent.getjTextArea());
    } catch (IOException e) {
        MsgUtil.showMsg("服务器停止监听失败!!!", parent.getjTextArea());
    }
}
```

⑤ 定义线程任务，重写 run( )方法，为每个客户端创建读写服务线程。

```java
public void run() {
    while (true) {
        if (!server.isClosed()) {
            try {
                Socket client = server.accept();
                // 为每个客户端创建读写服务线程
                ServerService service = new ServerService(parent, client,
clientsList);
                new Thread(service).start();
                clientsList.add(service);
                MsgUtil.showMsg("当前的客户端数量为:" + clientsList.
size(), parent.getjTextArea());
            } catch (IOException e) {
                return;
            }
        } else {
            return;
        }
    }
}
```

3）创建服务器端与每个客户端通信的线程任务类。

① 定义属性，在构造方法中初始化。

```
public class ServerService implements Runnable {
    // 窗体对象
    private ServerFrame parent;
    // 当前对话的客户端
    private Socket client;
    // 已连接的客户端列表
    private List<ServerService> clientsList;
    public Socket getClient() {
        return client;
    }
    public ServerService(ServerFrame parent, Socket client, List
<ServerService> clientsList) {
        super();
        this.parent = parent;
        this.client = client;
        this.clientsList = clientsList;
    }
}
```

② 重写 run( )方法，读取客户端消息并转发给其他客户端。如果客户端下线，也通知其他客户端。

```
public void run() {
    try {
        DataInputStream dis = new DataInputStream(client.getInputStream());
        while (true) {
            String str = dis.readUTF();    // 读消息
            String msg = "接收到客户端【" + client.getRemoteSocketAddress()
+ "】的消息:" + str;
            MsgUtil.showMsg(msg, parent.getjTextArea());
            // 将消息转发给其他客户端
            for (ServerService ss : clientsList) {
                if (ss != this) {
                    ss.sendMsg(msg);          // 写消息
                }
            }
        }
    } catch (IOException e) {
```

```
            MsgUtil.showMsg("客户端已断开连接!", parent.getjTextArea());
            clientsList.remove(this);
        MsgUtil.showMsg("当前的客户端数量为:" + clientsList.size(), parent.
getjTextArea());
            // 转发给其他客户端,该客户端断开的消息
            for (ServerService ss : clientsList) {
                if (ss != this) {
                    ss.sendMsg(client.getRemoteSocketAddress() + "已断开连
接!");
                }
            }
            try {
                client.close();
            } catch (IOException e1) {
                e1.printStackTrace();
            }
        }
    }
```

③ 定义将消息转发给其他客户端的方法。

```
    public void sendMsg(String msg) {
        try {
            DataOutputStream dos = new DataOutputStream(client.
getOutputStream());
            dos.writeUTF(msg);
        } catch (IOException e) {
            MsgUtil.showMsg("发送失败!", parent.getjTextArea());
            try {
                client.close();
            } catch (IOException e1) {
                e1.printStackTrace();
            }
        }
    }
```

4）创建客户端的核心功能处理线程。

① 继承线程类，定义要连接的服务器 IP 地址和端口等属性。

```
    public class ClientCore extends Thread {
        // 客户端的窗口
        private ClientFrame parent;
```

```
    private Socket client;
    private boolean isConnected = false;                 // 连接标识
    private static final String HOST_IP = "localhost";   // 127.0.0.1
    private static final int HOST_PORT = 5566;
```

② 定义连接服务器的方法实现。

```
public void connect() {
    try {
        client = new Socket(HOST_IP, HOST_PORT);
        isConnected = true;
        // 不断进行读消息
        this.start();
    } catch (IOException e) {
        e.printStackTrace();
    }
}
```

③ 重写 run( )方法，实现客户端读取服务端转发消息。

```
public void run() {
    DataInputStream dis = null;
    try {
        dis = new DataInputStream(client.getInputStream());
        // 不断读取
        while (true) {
            MsgUtil.showMsg(dis.readUTF(), parent.getjTextArea());
        }
    } catch (IOException e) {
        MsgUtil.showMsg("读取消息失败!", parent.getjTextArea());
    } finally {
        try {
            if (dis != null) {
                dis.close();
            }
        } catch (IOException e) {
            e.printStackTrace();
        }
    }
}
```

④ 定义断开连接的方法。

```java
public void disconnect() {
    if (client.isClosed()) {
        isConnected = false;
    } else {
        try {
            client.close();
            isConnected = false;
        } catch (IOException e) {
            MsgUtil.showMsg("断开连接失败!", parent.getjTextArea());
        }
    }
}
```

⑤ 定义发送消息的方法，包含发送者和发送的消息。

```java
public void send(String msg) {
    if (!isConnected) {
        return;
    }
    try {
        DataOutputStream dos = new DataOutputStream(client.
getOutputStream());
        dos.writeUTF(msg);
        MsgUtil.showMsg("发送成功!", parent.getjTextArea());
    } catch (IOException e) {
        MsgUtil.showMsg("发送失败!", parent.getjTextArea());
    }
}
```

5）创建服务器端界面类。

① 定义界面元素，包含【启动监听】、【关闭监听】、【退出】按钮和显示内容的可滚动文本域。

```java
public class ServerFrame extends JFrame {
    private JButton startListenerBtn;
    private JButton stopListenerBtn;
    private JButton exitBtn;
    private JPanel btnPanel;
    private JPanel contentPanel;
    private JScrollPane jScrollPane;
    private JTextArea jTextArea;
```

```
        private ServerCore server;
```

② 定义单击【启动监听】按钮触发的方法。

```
    private void startListenerBtnAction() {
        server = new ServerCore(this);
        // 触发启动的方法
        server.startListener();
        // 判断服务器状态,改变按钮状态
        if (server.isStart()) {
            startListenerBtn.setEnabled(false);
            stopListenerBtn.setEnabled(true);
            MsgUtil.showMsg("服务器启动成功!", jTextArea);
        } else {
            MsgUtil.showMsg("服务器启动失败,请检查!", jTextArea);
        }
    }
```

③ 定义单击【关闭监听】按钮触发的方法。

```
    private void stopListenerBtnAction() {
        server.stopListener();
        // 判断服务器状态,改变按钮状态
        if (!server.isStart()) {
            startListenerBtn.setEnabled(true);
            stopListenerBtn.setEnabled(false);
            MsgUtil.showMsg("停止服务器监听成功!", jTextArea);
        } else {
            MsgUtil.showMsg("停止服务器监听失败,请检查!", jTextArea);
        }
    }
```

④ 定义单击【退出】按钮触发的方法。

```
    private void exitListenerBtnAction() {
        // 判断服务器是否启动
        if (server != null && server.isStart()) {
            // 弹出提示框
            JOptionPane.showMessageDialog(this, "请先停止服务器!");
            return;
        } else {
            System.exit(0); // 退出程序
        }
    }
```

6）创建客户端界面类。

① 定义界面元素，包含【连接】、【断开】、【发送】、【退出】按钮，用户名、消息输入框，显示内容的可滚动文本域。

```java
public class ClientFrame extends JFrame {
    private JButton connBtn;
    private JButton disconnBtn;
    private JButton sendBtn;
    private JButton exitBtn;
    private JLabel nameLabel;
    private JTextField nameTf;
    private JTextField msgTf;
    private JTextArea msgArea;
    private JScrollPane msgSp;
    private JPanel contentPanel;   // 消息内容的面板
    private JPanel btnPanel;        // 按钮及发送框的面板
    private ClientCore client;
}
```

② 单击【连接】按钮触发的方法。

```java
private void connectAction() {
    client = new ClientCore(this);
    // 连接
    client.connect();
    // 判断服务器状态,改变按钮状态
    if (client.isConnected()) {
        connBtn.setEnabled(false);
        disconnBtn.setEnabled(true);
        MsgUtil.showMsg(client.getClient().getLocalSocketAddress() +
"连接服务器成功!", msgArea);
    } else {
        MsgUtil.showMsg(client.getClient().getLocalSocketAddress() +
"连接服务器失败,请检查!", msgArea);
    }
}
```

③ 单击【断开】按钮触发的方法。

```java
private void disconnectAction() {
    client.disconnect();
    // 判断服务器状态,改变按钮状态
    if (!client.isConnected()) {
```

```
        connBtn.setEnabled(true);
        disconnBtn.setEnabled(false);
        MsgUtil.showMsg(client.getClient().getLocalSocketAddress() +
"断开服务器成功!", msgArea);
        } else {
        MsgUtil.showMsg(client.getClient().getLocalSocketAddress() +
"断开服务器失败,请检查!", msgArea);
        }
    }
```

④ 单击【发送】按钮触发的方法。

```
private void sendAction() {
    String sender = nameTf.getText().trim(); // 发送者
    String msg = msgTf.getText().trim();       // 发送的消息内容
    client.send(sender + ":" + msg);
}
```

⑤ 单击【退出】按钮触发的方法。

```
private void exitAction() {
    System.exit(0);   // 退出程序
    this.dispose();   // 销毁窗口
}
```

7）部分程序执行结果。

① 服务器窗体初始界面，如图 8.3.1 所示。

图 8.3.1 服务器窗体初始界面

② 服务器启动监听，接收客户端连接，界面如图 8.3.2 所示。

图 8.3.2　服务器启动监听界面

③ 服务器接收客户端消息，再将消息转发给其他客户端，界面如图 8.3.3 所示。

图 8.3.3　服务器接收客户端消息界面

④ 启动 3 个客户端，连接服务器并收发消息，界面如图 8.3.4 所示。

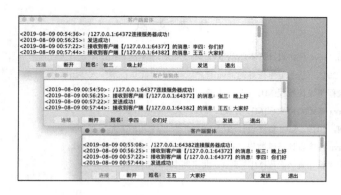

图 8.3.4 收发消息界面

 巩固强化

1）使用 Java 基于 TCP 的 Socket 程序设计，完成用户登录功能。

① 在客户端输入用户名和密码，向服务器发出登录请求。

② 服务器接收数据并连接数据库验证用户信息。

③ 服务器返回登录成功与否的响应信息。

④ 客户端接收响应信息并跳转到聊天主页。

2）封装报文对象，将所有在客户端与服务器之间交互的内容都统一格式。实现客户端可以知道有哪些客户端对象，并可以选择某一客户端发送消息（类似 QQ 等即时通信工具）等效果。

参 考 文 献

陈承欢，张尼奇，2016．Java 程序设计任务驱动教程[M]．北京：清华大学出版社．

冯君，宋锋，刘春霞，2015．基于工作任务的 Java 程序设计[M]．北京：清华大学出版社．

何青，2020．Java 游戏程序设计教程[M]．2 版．北京：人民邮电出版社．

黑马程序员，2021．Java 基础案例教程[M]．2 版．北京：人民邮电出版社．

李纪云，张大鹏，孙钢，2019．Java 程序设计教程[M]．北京：科学出版社．

刘刚，刘伟，2019．Java 程序设计基础教程（慕课版）[M]．北京：人民邮电出版社．

王希军，2012．Java 程序设计案例教程[M]．北京：北京邮电大学出版社．